面向 21 世纪创新型电子商务专业系列

网页设计与制作

主　编　王铁桩　聂卫献

副主编　路正佳　孟　刚　李　琴　王　浏

参　编　郭小娟　高丽燕　郭增茂

中国水利水电出版社
www.waterpub.com.cn

内 容 提 要

　　本书主要讲述网页设计与制作的常用基本技术，内容以 Dreamweaver CS5.5 为主体，对软件的各项功能操作进行了详细描述，并简要介绍了相关的网页设计与制作的基础知识、HTML 语言等内容以及综合实训项目。读者通过本书的学习，可以制作出自己的网页，全面提高自己的网页设计的基本知识和基本技能。

　　本书可以作为电子商务及相关专业学生的专业课程用书，也可作为一般网页制作人员的自学用书。

　　本书配有实例素材，读者可以从中国水利水电出版社网站和万水书苑免费下载，网址为：http://www.waterpub.com.cn/softdown/和 http://www.wsbookshow.com。

图书在版编目（CIP）数据

网页设计与制作 / 王铁桩，聂卫献主编. -- 北京：
中国水利水电出版社，2015.5（2018.8 重印）
（面向21世纪创新型电子商务专业系列）
ISBN 978-7-5170-3114-7

Ⅰ. ①网… Ⅱ. ①王… ②聂… Ⅲ. ①网页制作工具
－高等学校－教材 Ⅳ. ①TP393.092

中国版本图书馆CIP数据核字(2015)第083111号

策划编辑：石永峰　向　辉　责任编辑：魏渊源　　封面设计：李　佳

书　　名	面向 21 世纪创新型电子商务专业系列 网页设计与制作
作　　者	主　编　王铁桩　聂卫献 副主编　路正佳　孟　刚　李　琴　王　浏 参　编　郭小娟　高丽燕　郭增茂
出版发行	中国水利水电出版社 （北京市海淀区玉渊潭南路 1 号 D 座　100038） 网址：www.waterpub.com.cn E-mail: mchannel@263.net（万水） 　　　　 sales@waterpub.com.cn 电话：(010) 68367658（发行部）、82562819（万水）
经　　售	北京科水图书销售中心（零售） 电话：(010) 88383994、63202643、68545874 全国各地新华书店和相关出版物销售网点
排　　版	北京万水电子信息有限公司
印　　刷	三河市铭浩彩色印装有限公司
规　　格	184mm×260mm　16 开本　13 印张　324 千字
版　　次	2015 年 5 月第 1 版　2018 年 8 月第 3 次印刷
印　　数	5001—8000 册
定　　价	27.00 元

凡购买我社图书，如有缺页、倒页、脱页的，本社发行部负责调换

前　　言

职业教育要把人力资源转化成人力资本，职业教育是直接创造价值的教育，要瞄准人才产业链和价值链培养，而不是培养一技之长。作为电子商务专业的高职学生来讲，要想在"电子类"行业创造价值，就必须拥有多技之长，其中对软件 Dreamweaver 的操作和掌握则是基础。而单纯的知识讲解犹如"无源之水"——缺少了市场对人才需求的衡量和评判，要想让高职教育紧贴就业，就必须使行业的专家参与到教材的编写中来，因此在河南省电子商务行业教学指导委员会的牵头下，本教材的编写人员集合了高职院校电子商务专业教学的一线教师，吸纳了省内电子商务领域的一流行业专家的建议与意见，突出教材的实用性。

编者结合自身教学体会，认真分析了目前同类教材在使用中的效果和反馈意见，学习和总结了目前高职教育领域中比较先进的教学理论，进而对本教材的编写理念、结构、内容等方面做了比较积极的探索。

从编写理念上，本教材紧贴高职教育特点，不盲从本科院校高深的理论基调，秉承着让学生"能学会，会动手"的指导思想，提炼出以下四个方面的教材特点：

（1）基础性。本书从基本的网页编写开始，逐步递进，分层次，分步骤，系统而详细地讲述了网页编写的基本理论知识，方便没有网页编写知识的学生学习。

（2）实用性。在本书的编写过程中，编者吸取了在教课过程中学生学习反馈的经验，比如有些知识点掌握得不够牢固，学生在做练习时频繁出错，在教材中就适当加大该内容的篇幅以及从多角度来阐述知识点，使高职学生能够全面深入地了解和掌握。

（3）引导性。本书全面阐述了网页设计与制作的流程，将 Dreamweaver CS5.5 软件的各个功能版块做了详细的说明和讲解示范，内容浅显易懂，便于学生掌握和操作，以此能够提高学生学习的兴趣和成就感，形成良好的后续学习引导作用。

（4）拓展性。在本书的习题部分配有资料参考，在所提供的书籍和网站上，学生能够获取进一步的知识内容，便于其从深度和广度去拓展自我的知识技能和实践技能，使学生不仅学会本门技术更能学精技术，使自我在求职领域脱颖而出，彰显高职学生的素质。

本教材内容突出对学生职业能力的训练，以培养高等职业院校学生网页设计与制作的实际技能为主要目标，主要讲述了网页设计与制作的常用基本技术，内容以 Dreamweaver CS5.5 为主体，对软件的各项功能操作进行了详细描述，并简要介绍了相关的网页设计与制作的基础知识、HTML 语言等内容，在知识的安排上充分遵循高职学生的认知规律，体现了"以学生为中心，以教师为主导，以培养学生的技能为目标"的教学理念，最终实现学生综合能力和综合素质的提高。

本书既可作为高职高专院校电子商务、计算机应用、信息管理等专业的相关课程用书，也可作为网页设计自学者的参考书。

本书由河南经贸职业学院王铁桩老师担任主编并制定编写大纲，河南经贸职业学院路正佳老师、郑州科技学院孟刚老师任副主编。具体编写分工如下：第1、2、9章由河南经贸职业学院路正佳编写，第3、4章由河南工业贸易职业学院郭小娟编写，第5、6章由郑州财经学院高丽燕编写，第7、8章由郑州科技学院孟刚编写。全书由王铁桩整体设计及通稿。

由于编者水平有限及时间仓促，书中难免会存在缺点和不足，还恳请读者和各位同行谅解，并欢迎大家多提宝贵意见以便改进，谢谢！

编　者

2015 年 1 月

目　　录

第1章　网页与网站的基础知识

网页设计是一门综合技术，对于网页设计者来说，在制作网页之前应该了解网页的基础知识，包括网站类型、网页布局与色彩搭配、网页基本构成元素等，同时基于 Dreamweaver CS5.5 设计平台，设计者还应掌握该软件的工作界面结构以及各个部分所能完成的基本功能。

1.1　网页制作与网站建设基础

网页是组成 Web 网站的基本元素，是承载各种网站应用的平台，是用 HTML 语言将信息组织起来的文本文件。最初的 HTML 语言只能在浏览器中展现静态的文本或图像信息。随着 HTML 技术的成熟，在静态网页中加入动画、音乐等元素，使得静态页面更有生机。

1.1.1　静态网页介绍

静态网页是标准的 HTML 文件，其文件的扩展名一般为.htm、.html、.shtml、.xml 等。静态网页可以包含文本、图像、声音、Flash 动画、客户端脚本和 ActiveX 控件及 Java 小程序，以此达到视觉上的"动态"，但无法在用户和网站之间进行交互。

静态网页不是服务器端运行的任何脚本，网页上的每一行代码都是预先编写好的，存储在 Web 服务器上的，发送到客户端的浏览器上就不再发生任何变化。如图 1-1 所示。

其特点如下：

（1）静态网页每个网页都有一个固定的 URL。

（2）网页内容一经发布到网站服务器上，无论是否有用户访问，每个静态网页的内容都是保存在网站服务器上的。

（3）静态网页的内容相对稳定，容易被搜索引擎检索。

（4）静态网页没有数据库的支持，在网站制作和维护方面工作量较大。

（5）静态网页的交互性较差，在功能方面有较大的限制。

（6）静态网页页面浏览速度迅速，过程无需连接数据库。

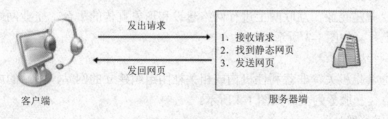

图 1-1　静态网页工作原理图

1.1.2　动态网页介绍

动态网页是指跟静态网页相对的一种网页编程技术，是指网页文件里包含了程序代码，通过后台数据库与 Web 服务器的信息交互，由后台数据库提供实时数据更新和数据查询服务。这种网页的后缀名称一般根据不同的程序设计语言不同，如常见的有.asp、.jsp、.php、.perl、.cgi等形式为后缀。动态网页能够根据不同时间和不同访问者而显示不同内容。如常见的 BBS、留言板和购物系统通常由动态网页实现。动态网页的制作比较复杂，需要用到 ASP、PHP、ISP和 ASP.NET 等专门的动态网页设计语言。如图 1-2 所示。

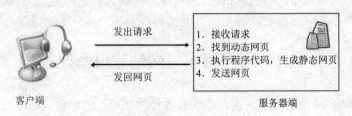

图 1-2　动态网页工作原理图

其特点如下：

（1）动态 Web 具有交互性，页面消息可以根据需求或用户的浏览状况，实现与用户的交流和页面信息的自动更新。

（2）动态 Web 具有 Web 数据库支持和远程动态维护功能。

（3）动态 Web 的创建技术比较复杂，且对服务器的处理能力要求也比较高。用户在访问过程中，每一个主页都必须由服务器生成，然后发送给用户。

（4）动态 Web 一般使用数据库来存储信息，它担负着一个文件服务器角色。

1.1.3　常见网站类型

网站就是把一个个网页系统地链接起来的集合，如新浪、搜狐、网易等。网站按其内容的不同可分为个人网站、企业类网站、机构类网站、娱乐休闲类网站、行业信息类网站、门户网站和购物类网站等。

1.　个人网站

个人网站是以个人名义开发创建的具有较强个性化的网站，一般是个人为了兴趣爱好或展开个人目的而创建的，具有较强的个性化特色，带有很明显的个人色彩，无论从内容、风格、样式上都形色各异。

2.　企业类网站

企业网站，就是企业在互联网上进行网络建设和形象宣传的平台。企业网站就相当于一个企业的网络名片。如图 1-3 所示。

3.　机构类网站

机构网站通常指机关、非营利性机构或相关社团组织建立的网站，网站的内容多以机构或社团的形象宣传和服务为主。如图 1-4 所示。

4.　娱乐休闲类网站

随着互联网的飞速发展，不仅涌现出了很多个人网站和商业网站，同时也产生了很多娱乐休闲类网站，如电影网站、游戏网站、交友网站、社区论坛、手机短信网站等。这些网站为广大网民提供了娱乐休闲的场所。如图 1-5 所示。

图 1-3　北京同仁堂网站首页

图 1-4　中华人民共和国中央人民政府网站首页

图 1-5　时光网首页

5. 行业信息类网站

互联网的发展、网民人数的增多、网上不同兴趣群体的形成，这种现状使得门户网站已经明显不能满足不同群体的需要。一批能够满足某一特定领域上网人群及其特定需要的网站应运而生。如图 1-6 所示。

图 1-6   中国服装网首页

6. 购物类网站

随着网络的普及和人们生活水平的提高，网上购物已成为一种时尚，丰富多彩的网上资源，价格实惠的打折商品、服务优良送货上门的购物方式，使其已成为人们休闲、购物两不误的首选方式。如图 1-7 所示。

图 1-7   美丽说首页

7. 门户类网站

门户类网站将无数信息整合、分类，为上网者打开方便之门，绝大多数网民通过门户类网站寻找自己感兴趣的信息资源。门户类网站涉及的领域非常广，它是一种综合性网站，如搜狐、网易、新浪等。如图1-8所示。

图 1-8　网易首页

1.2　网页布局设计与色彩搭配

1.2.1　网页版面布局的原则和方法

1. 网页版面布局的原则

（1）重点突出。

网页排版应考虑页面的视觉中心，即屏幕的中央或中间偏上的位置处。通常一些重要的文章和图片可以安排在这个位置，稍微次要的内容可以安排在视觉中心以外的位置。

（2）平衡协调。

网页排版应充分考虑受众视觉的接受度，和谐地运用页面色块、颜色、文字、图片等信息形式，力求达到一种稳定、诚实、值得信赖的页面效果。

（3）图文并茂。

网页排版应注意文字与图片的和谐统一。文字与图片互为衬托，既能活跃页面，又能丰富页面内容。

（4）简洁清晰。

网页排版应使网页内容的编排便于阅读，通过使用醒目的标题，限制所用的字体和颜色的数目来保持版面的简洁。

2．网页版面布局的方法

根据确定好的布局结构，开始进行页面的版式布局。网页版式布局的方法有两种，一种为手绘布局，另一种为软件绘图布局。

（1）手绘布局。

网页设计和写文章一样，如果能够事先打好一个草稿的话，就能够设计出优秀、高质量的网页。所以在实际的设计之前，要在纸上绘制出页面版式草图，以供设计时参考。这个草稿虽然不会给客户看，但也要尽量绘制地简单、明了。

（2）软件绘图布局。

手绘布局的方法同样也可以使用绘图软件来完成，可以使用 Fireworks 的图像编辑功能来设计网页版式布局，也可以使用 Word 作为设计版式布局的工具。

1.2.2　网页布局的结构形式

对于网页来说，布局绝不仅仅只是网页版式的简单编排，而是网页中各种可供使用的元素和技术的整体规划，通过布局，使网页本身具备良好的视听效果，方便的操作，生动的互动效果。

1．传统"T"型布局

这是大多数门户站点采用的版式结构，这种结构大致布局是将网站的主标识放在左上角，导航在上部的中间占有大部分的位置，然后左边出现次级导航或者重要的提示信息，右边是页面主体，出现大量信息并通过合理的版块划分达到传达信息的目的。如图 1-9 所示。

图 1-9　"T"型布局

由于此结构是符合传统阅读规则的，按照从上到下，从左到右的顺序排列信息，因此，浏览者不需要花费更多的时间去适应，这也让它成为了网络上网页设计最基本的结构之一，之后衍变出来的所有布局设计形式也是多由它发展而来。

2．上下对照式布局

在"极简主义"设计思想的影响下，产生了更加直观的上下对照结构布局。这类设计在页面内容的组织上，一般选取更加直接而极富视觉冲击力的图形和考究的文字排版，做到张弛有序。而正是这样的页面设计，是考验网页设计师布局能力的重要道具。如图 1-10 所示。

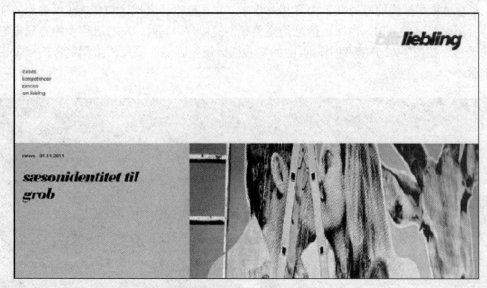

图 1-10　上下对照式布局

3．"上中下""三"字布局

"上中下""三"字结构的特点是更注重突出中间一栏的视觉焦点。"上中下""三"字布局运用在一些时尚类的站点，更能够体现现代感和简约感。从图 1-11 中能够看到，页面由于上下部分采用了单一的背景，所以浏览者的注意力都放在了页面中间的部分。

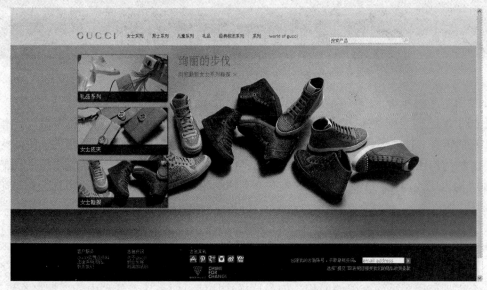

图 1-11　"上中下""三"字布局

4. 左右对称型布局

左右对称结构是网页布局中最为简单的一种。"左右对称"所指的只是在视觉上的相对对称，而非几何意义上的对称，这种结构将网页分割为左右两部分。一般使用这种结构的网站均把导航区设置在左半部，而右半部用作主体内容的区域。左右对称性结构便于浏览者直观地读取主体内容，但是却不利于发布大量的信息，所以这种结构对于内容较多的大型网站来说并不合适。左右对称型结构的好处在于内容相对集中，并且把设计表现区域化，在以强烈的视觉符号让读者记忆深刻的同时，也保证信息的完整和浏览顺序。同时，左右对称型的布局也能带来对称的美感。在图 1-12 的案例中，页面的左右部分反差强烈的颜色，给浏览者的视觉带来极大的刺激。

图 1-12　左右对称型布局

5. "同"字型布局

"同"字结构名副其实，采用这种结构的网页，往往将导航区置于页面顶端，一些如广告条、友情链接、搜索引擎、注册按钮、登陆面板、栏目条等内容置于页面两侧，中间为主体内容，这种结构比左右对称结构要复杂一点，不但有条理，而且直观，有视觉上的平衡感，但是这种结构也比较僵化。在使用这种结构时，高超的用色技巧会规避"同"字结构的缺陷。如图 1-13 所示。

6. "回"字型结构布局

"回"字型结构实际上是对"同"字型结构的一种变形，即在"同"字型结构的下面增加了一个横向通栏，这种变形将"同"字型结构不是很重视的页脚利用起来，这样增大了主体内容，合理地使用了页面有限的面积，但是这样往往使页面充斥着各种内容，拥挤不堪。

"回"字型结构的特征是将需要突出的内容放置在页面正中央。这种布局方式在传统的平面设计中十分常见，这种靶心式的布局，能够让浏览者很自然地把注意力放在页面的中央。在一些设计类的页面和个人主页中，经常能够见到这种布局方式的运用。如图 1-14 所示。

图 1-13　"同"字型布局

图 1-14　"回"字型布局

7. "匡"字型结构布局

"匡"和"回"字型结构一样，"匡"字型结构其实也是"同"字型结构的一种变形，也可以认为是将"回"字型结构的右侧栏目条去掉得出的新结构，这种结构是"同"字型结构和

"回"字型结构的一种折中，这种结构承载的信息量与"同"字型相同，而且改善了"回"字型的封闭型结构。如图 1-15 所示。

图 1-15   "匡"字型布局

8. 自由式结构布局

上面所述结构是传统意义上的结构布局。自由式结构布局相对而言就没有那么"安分守己"了，这种结构的随意性特别大，颠覆了从前以图文为主的表现形式，将图像、Flash动画或者视频做为主体内容，其他的文字说明及栏目条均被分布到不显眼的位置，起装饰作用。这种结构在时尚类网站中使用得非常多，尤其是在时装、化妆用品的网站中。这种结构富于美感，可以吸引大量的浏览者欣赏，但是却因为文字过少，而难以让浏览者长时间驻足，另外起指引作用的导航条不明显，而不便于操作。如图 1-16 所示。

1.2.3   网页配色基础

色彩对于事物的表现能力有着其他形式无法比拟的超强效果。在我们的生活中，色彩无所不在，它是构成我们生活环境的重要组成部分。在进行网页设计中只有掌握色彩的原理，熟知各色彩间的相互关系及各种色彩的生理或心理作用,在网页设计中准确用色,才能实现传达特定信息和渲染页面效果的目的。

图 1-16　自由式布局

1. 红色

红色能带给人很大的视觉刺激,红色非常适合作为一种快速吸引眼球的颜色。但是,作为能让人兴奋、激动的颜色,红色还是一种容易造成视觉疲劳的颜色。

红色搭配黄色,会使红色更显热力强盛,更加热情、富有激情。

红色搭配蓝色,能够减弱红色的热感,趋于平静、柔和。

红色搭配黑色,会使其变得沉稳,趋于厚重、朴实。

红色搭配白色,会使其变得温柔,趋于含蓄、羞涩、娇嫩。如图 1-17 和图 1-18 所示。

图 1-17　红色背景页面 1

图 1-18　红色背景页面 2

2. 橙色

橙色是欢快活泼的光辉色彩，是暖色系中最温暖的颜色，它使人联想到金色的秋天，丰硕的果实，是一种富足、快乐而幸福的颜色。橙色能很好地刺激人的食欲。

橙色搭配黄色，能够带给人甜美、芳香的感受。

橙色搭配黑色，能够带给人时尚、潮流的感受，可以用于一些时尚类网站的配色。如图 1-19 和图 1-20 所示。

图 1-19　橙色背景页面 1

3. 黄色

黄色在诸多颜色之中是光感最强，最明亮的颜色。黄色象征着太阳，它能带给人们光明、辉煌、轻快、温暖的感觉。

黄色搭配红色，能够让黄色显得更加热情、温暖。

黄色搭配白色，能将黄色的色感变得柔和，让人觉得含蓄而易于接近。

黄色搭配褐色，能够使黄色变得沉稳而厚重。

图 1-20　橙色背景页面 2

　　黄色搭配黑色，可以获得极强的视觉刺激效果，这种醒目的配色在很多网页中都能看到。如图 1-21 和图 1-22 所示。

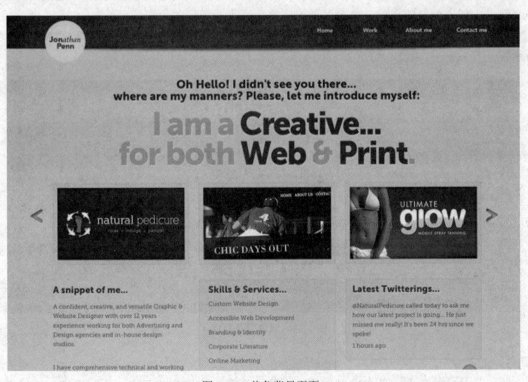

图 1-21　黄色背景页面 1

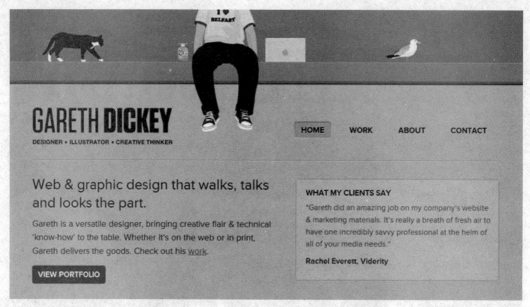

图 1-22　黄色背景页面 2

4．绿色

绿色是光的三基色之一。在自然界中，植物大多呈现绿色，所以人们称绿色为生命之色，看到绿色就会想起自然界中的树、草和苔藓等，绿色总能使人感到旺盛的生命力。

绿色中加入少量的黑色，就会呈现出庄重、高雅、成熟的色彩感受。

绿色中加入少量的白色，就会呈现出自然、清爽、鲜嫩的色彩感受。如图 1-23 和图 1-24 所示。

图 1-23　绿色背景页面 1

5．蓝色

蓝色是最冷的色彩。蓝色非常纯净，通常让人联想到海洋、天空、水、宇宙。纯净的蓝色表现出一种美丽、冷静、理智、安详与广阔。

图 1-24　绿色背景页面 2

　　蓝色搭配绿色和白色，能够营造出自然界蓝天白云绿树的视觉效果，带给浏览者纯净、天然的感受。

　　蓝色搭配灰色和白色，能够使网页显得干净整洁，给人庄重、充实的印象。

　　蓝色搭配青色和白色，能够进一步提高网页的亮度，让网页看起来显得清爽、动感。如图 1-25 和图 1-26 所示。

图 1-25　蓝色背景页面 1

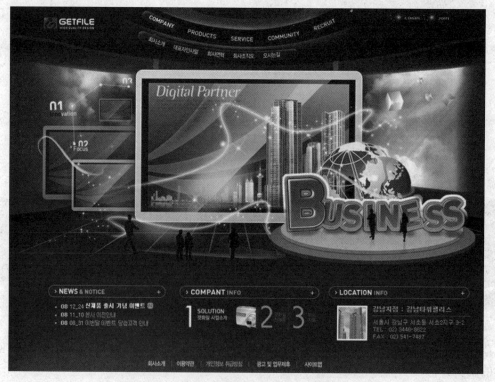

图 1-26　蓝色背景页面 2

6. 紫色

紫色是非常特别的色彩，它是由温暖的红色和冷静的蓝色混合而成，是极佳的刺激色。紫色和白色进行调和的时候，会有效地消除紫色中沉闷的感觉，让页面变得优雅和时尚。

当紫色和红色进行调和的时候，页面会变得浪漫和性感，充满女性的魅力。如图 1-27 和图 1-28 所示。

图 1-27　紫色背景页面 1

图 1-28　紫色背景页面 2

7. 黑色与白色

　　黑色基本定义为没有任何可见光进入视觉范围，颜料如果吸收光谱内的所有可见光，不反射任何颜色的光，人眼的感觉就是黑色。黑色和白色搭配能获得很强的视觉冲击力，这种简约至极的配色能够尽可能多地传递信息，而不会被其他的信息干扰到浏览者。黑色和白色进行调和的时候，会产生灰色，而漂亮的灰色能带给浏览者高雅、精致、含蓄、耐人寻味的视觉感受。如图 1-29 和图 1-30 所示。

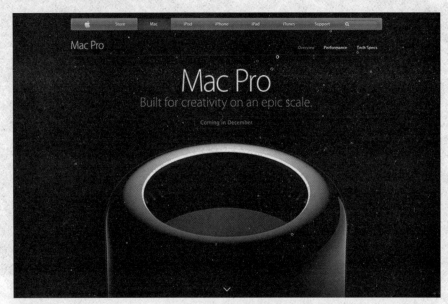

图 1-29　黑色背景页面

图 1-30　灰色背景页面

1.2.4　网站布局特点

1. 资讯类网站

布局特点：以发布信息为主要目的。页面信息量大，页面高度较长，布局以 3～4 栏为主，页面高度接近 10 屏左右，重要信息放置顶部，导航排在页面上部，左右两列是功能区和附加信息区，中间位置为主要信息和重要信息显示区。页面内容以文字为主，图像较少，多以敏感的新闻图片吸引访问者。

色彩特点：政策法规类资讯网配色以灰色、红色、黄色为主，体现庄重、严谨、大气。娱乐资讯类配色以动感、时尚的颜色为主，如蓝色、绿色、洋红和紫色。如图 1-31 所示。

图 1-31　资讯类网站布局

2. 电子商务类网站

布局特点：以实现交易为目的，以订单为中心。这类网站必须实现商品展示、订单生成以及订单执行流程功能。页面包含产品分类搜索功能，其多采用2～3栏的布局，给人开放、大气的感觉。导航以搜索为主，横排在页面上部，左右两侧一般为内容区和产品分类区。产品展示多以图片和文字结合，体现产品的说服力，搜索、注册和登录等模块应放置于页面最醒目的位置。

色彩特点：电子商务类网站图片较多，色彩展示较丰富，配色上应尽量简单，多以蓝色、洋红、橙色、青色和黄色等动感活力色为主。如图1-32所示。

图1-32　电子商务类网站布局

3. 互动游戏类网站

布局特点：互动游戏类网站一般分为游戏的官方网站和在线游戏网站，由于网站主要面对年轻浏览者，页面设计应以大量的图片、Flash动画等视觉冲击力强的元素进行布局。主要是图像或Flash为主的静态布局和静态分栏相结合的布局，静态布局页面信息与背景融为一体类似平面出版物创意设计，布局相对比较自由。静态、分栏结合布局在体现静态视觉效果之后又具有分栏布局信息清晰的特点。

色彩特点：游戏类网站主要针对年轻人群，配色大多以活力、时尚颜色为主，一般会以一种颜色为主调，配合红色、黄色等明度较高的颜色进行强烈对比，让访问者过目不忘。如图1-33所示。

4. 教育类网站

布局特点：教育类网站与资讯类网站相似，但是以提供教育资讯为主，同时针对学校本身宣传或提供在线教学。对于教育机构网站多以静态分栏相结合布局为主，对于提供在线教学功能网站多以分栏布局为主。

色彩特点：教育类网站是为学生服务的，在配色上主要体现轻松气息并且颜色明度较高，同时要考虑不同年龄层次。如图1-34所示。

图 1-33　互动游戏类网站布局

图 1-34　教育类网站布局

5. 功能性网站

布局特点：百度、Google、网址之家是其主要代表，主要功能是提供互联网网址导航。布局简单，搜索框和按钮占据页面绝对重要位置。页面设计尽量简洁，没有广告、图片。在视觉设计中需提高用户对网站的感情和粘合度，同时要考虑页面文字、下载速度、功能实用，信息提示与布局清晰。

色彩特点：功能性网站色彩搭配要求不花哨，没有特别鲜明的色彩。多以白色、单色为主，追求平和协调。如图 1-35 所示。

图 1-35　功能性网站布局

6. 综合性网站

布局特点：综合性网站共同特点是提供两种以上典型的服务布局，主要以分栏为主。栏目风格要协调统一，导航清晰，合理方便引导访问者。

色彩特点：综合性网站多以白色为底并结合一种主色调，白色和任何颜色搭配都会给人轻快、活力的感觉。白色所占面积应该最大。如图 1-36 所示。

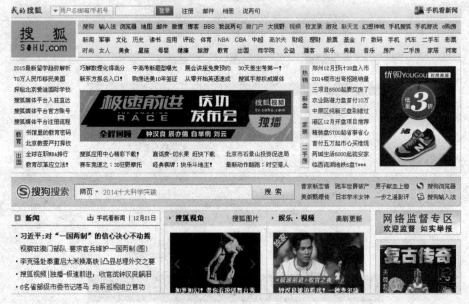

图 1-36　综合性网站布局

1.2.5 经典网页欣赏

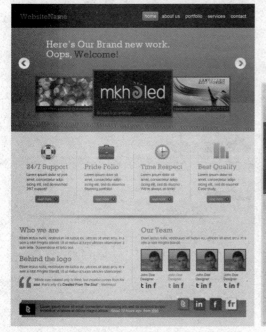

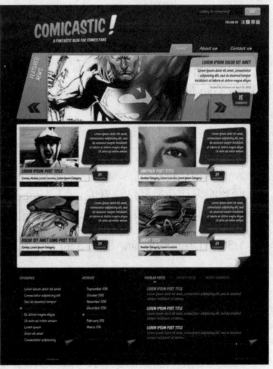

1.3　Dreamweaver 认知

Dreamweaver、Flash、Fireworks 最早是由 Macromedia 公司推出的一套网页设计软件。Flash 用来生成二维动画，Fireworks 用来制作矢量图像，Dreamweaver 可以进行各种素材的集成和网络发布。这三款软件在国内素有"网页三剑客"之称。2005 年，Macromedia 公司被著名影像处理软件公司 Adobe 收购，"网页三剑客"成为了 Adobe 软件家族的主要成员。

Dreamweaver 是集网页制作和管理网站于一身的网页编辑器，是一种专业的 HTML 编辑器，采用"所见即所得"的编辑方式。它是第一套针对专业网页设计师特别发展的视觉化网页开发工具，利用它可以轻而易举地制作出跨越平台限制和跨越浏览器限制的充满动感的网页。

1.3.1　Dreamweaver CS5.5 的新功能

Dreamweaver CS5.5 是一个全面的专业工具集，可用于设计并部署极具吸引力的网站和 Web 应用程序，并提供强大的编码环境以及功能强大且基于标准的设计表面。

1.　CSS3/HTML5 支持

通过 CSS 面板设置样式，该面板经过更新可支持新的 CSS3 规则。设计视图支持媒体查询，在调整屏幕尺寸的同时可应用不同的样式。使用 HTML5 进行前瞻性的编码，同时提供代码提示和设计视图渲染支持。实时视图包括对使用 QuickTime 和标记的支持。

2.　jQuery 集成

借助 jQuery 代码提示加入高级交互性。jQuery 是行业标准 JavaScript 库，允许为网页轻松加入各种交互性。

3.　借助 PhoneGap 构建本机 Android 和 IOS 应用程序

借助新增的 PhoneGap 功能为 Android 和 IOS 构建并打包本机应用程序。借助开放源代码 PhoneGap 框架，在 Dreamweaver 中将现有的 HTML 转换为手机应用程序。

4.　FTPS、FTPeS 支持

借助增强的 FTP 支持更安全地部署文件。Dreamweaver CS5.5 现在加入了对 FTPS 和 FTPeS 协议的本机支持。

5.　移动 UI 构件

此功能为移动世界进行开发。以 Adobe AIR 为后盾、与 Widget Browser 的进一步集成允许更轻松地为站点添加移动 UI 构件，从而共同创建出引人入胜的移动应用程序。

1.3.2　Dreamweaver CS5.5 的工作界面

Dreamweaver CS5.5 是 Adobe 公司推出的最新版本的专业网页设计软件，它界面友好，实用性强，并且无须编写任何代码也可以快速创建页面，深受广大网页设计师的欢迎。图 1-37 展示了该软件的工作界面。

Dreamweaver CS5.5 工作界面主要由标题栏、菜单栏、插入工具栏、文档工具栏、文档窗口、标签选择器、属性面板和浮动面板构成。

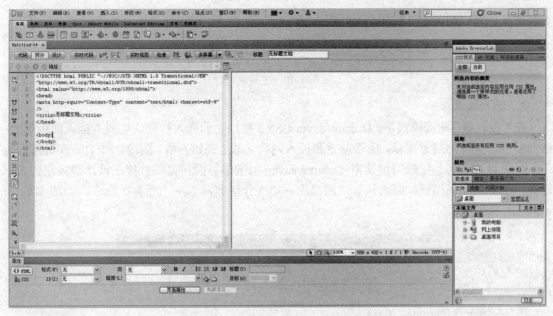

图 1-37　Dreamweaver CS5.5 工作页面

1．标题栏

在 Adobe Dreamweaver CS5.5 的窗口标题栏上整合了网页制作中最常用的布局、DW 扩展、站点管理器和设计器按钮,这些常用的命令按钮可以从菜单栏或者工具栏中找到与之相应的选项, 如图 1-38 所示。

图 1-38　标题栏

单击"设计器"按钮,在弹出的下拉列表中可以看到 Dreamweaver CS5.5 推出的八种工作区外观模式,如图 1-39 所示。不同的工作区外观模式适用于不同层次的设计者选择合适的页面设计模式。

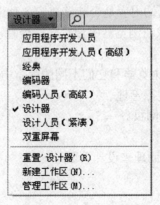

图 1-39　工作区外观模式图

2．菜单栏

Dreamweaver CS5.5 的主菜单共分 10 种,即文件、编辑、查看、插入、修改、格式、命令、站点、窗口和帮助，如图 1-40 所示。

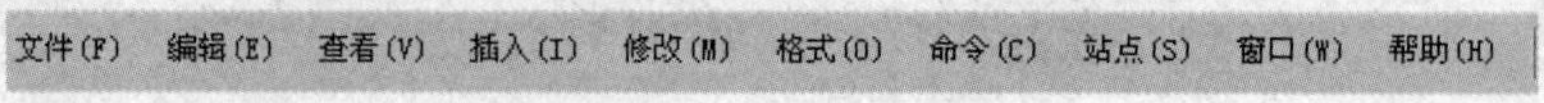

| 文件(F) | 编辑(E) | 查看(V) | 插入(I) | 修改(M) | 格式(O) | 命令(C) | 站点(S) | 窗口(W) | 帮助(H) |

图 1-40　主菜单

3. 插入工具栏

在"设计器"布局模式下，Dreamweaver CS5.5 将原先的插入栏默认呈现为插入面板形式。该面板包含成行的对象图标，用于创建和插入网页元素（例如表格、图像、AP Div 和链接等）。

如果设计者还是比较习惯使用 Dreamweaver 旧版本界面，可以直接在设计器按钮列表中选择"经典"布局模式，或者执行"窗口"→"工作区布局"→"经典"命令。如图 1-41 所示。

图 1-41　插入工具栏

4. 文档工具栏

文档工具栏包含一系列按钮，如图 1-42 所示，主要用于切换编辑区视图模式、设置网页标题、在浏览器中浏览网页以及检查浏览器兼容性等，其中各个按钮图标的功能和含义如下。

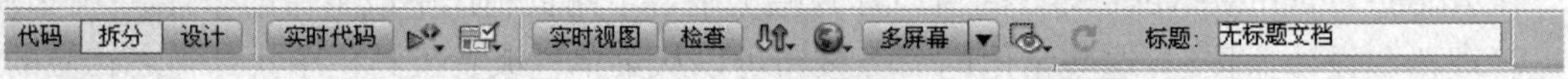

图 1-42　文档工具栏

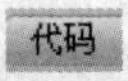

代码：显示代码视图，以便在编辑窗口中直接输入 HTML 代码。

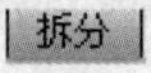

拆分：显示代码视图和设计视图，以便在同一窗口中同时进行代码和页面设计。

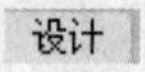

设计：显示设计视图，以便在编辑窗口中进行页面设计。

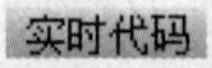

实时代码：显示浏览器用于执行该页面的实际代码，单击此按钮后，其窗口下的代码以黄色显示且不可编辑。

：验证当前文档。

：用来检查用户创建的网站内容是否能够兼容各种浏览器。

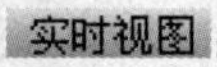

实时视图：单击此按钮可以像在浏览器中预览一样查看设计效果，显示不可编辑的、交互式的、基于浏览器的文档视图。

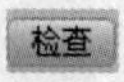

检查：让用户快速地在许多浏览器和它们不同的版本中检查代码。

：用于对站点中的文件进行管理。

：在浏览器中预览和调试网页。

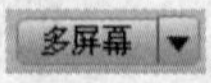

多屏幕：可以多屏预览页面。

：可以使用不同的可视化助理来设计页面。

：刷新设计视图。

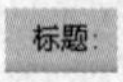

标题：用于设置网页标题。

5. 文档窗口

文档窗口用来显示当前所创建和编辑的 HTML 文档内容。该窗口有代码、拆分和设计 3 种视图模式。

（1）设计视图：单击文档工具栏中的"设计"按钮可以将编辑区域的视图模式切换到设计视图模式，在该模式中可以直接对网页进行编辑，如图 1-43 所示。

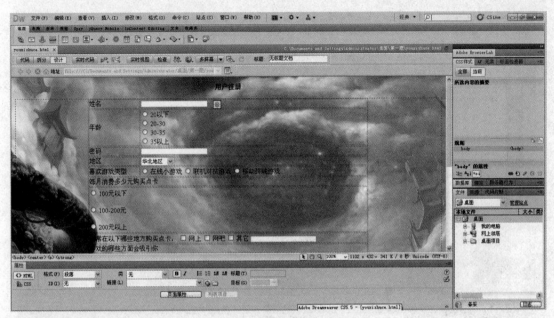

图 1-43 设计视图

（2）代码视图：单击文档工具栏中的"代码"按钮可以将编辑区域的视图模式切换到代码视图模式，在该模式中可以编写或修改网页代码，如图 1-44 所示。

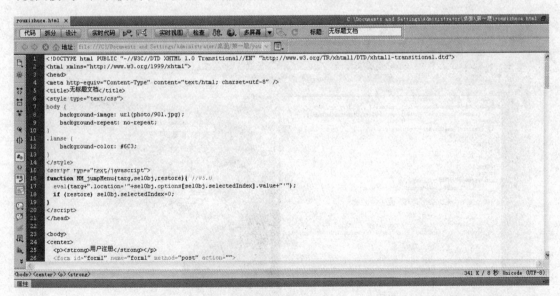

图 1-44 代码视图

（3）拆分视图：单击文档工具栏中的"拆分"按钮可以将编辑区域的视图模式切换到拆分视图模式，在该模式下整个编辑区域被分为上下两个部分，上部为代码视图，下部为设计视图，如图 1-45 所示。此外，在 Dreamweaver CS5.5 的"拆分"模式下，单击标题栏的"布局"

按钮 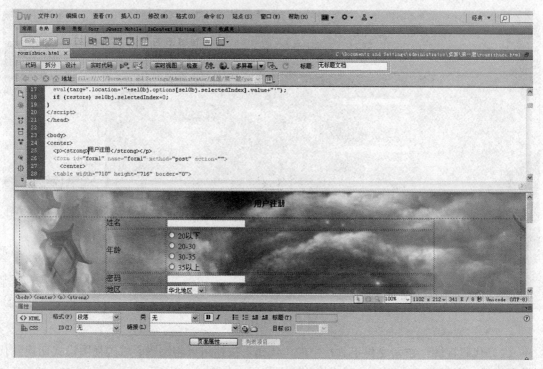，在弹出的下拉菜单中选择"垂直拆分"选项，还可以垂直分隔文档窗口，如图 1-46
所示。这样可以在代码视图和设计视图之间进行切换，并可对照编辑。

图 1-45　上下拆分模式

图 1-46　垂直拆分

6. 标签选择器

标签选择器位于文档窗口底部的状态栏中，它显示环绕当前选定内容的标签的层次结构。单击该层次结构中的任何标签可以选择该标签及其所包含的内容，如图 1-47 所示。

图 1-47　选择标签器

在标签选择器中显示了一些常用的 HTML 标签，灵活运用这些标签可以很方便地选择编辑区域中的某些项目，从而提高工作效率。

7. 属性面板

通过属性面板可以检查和编辑当前选定的页面对象的属性。它随着在页面上选定的对象类型而进行改变。如果选定了表格，会在属性面板里看到表格的宽、高、标题、换行、背景颜色等相关属性，如果选定了图像，则会显示图像的属性。另外，还可以在属性面板中修改被选对象的各项属性值，如图 1-48 所示。

图 1-48　属性面板

8. 浮动面板组

Dreamweaver CS5.5 通过一套面板和面板组系统来轻松处理不同的复杂界面。这两个界面元素一起工作能帮助用户自定义工作区，因此可以快速地访问需要的面板。每一个面板组都包含了数个面板，每一个面板都被标签确定。可以单击每一个标签在面板间进行移动。面板组可以是浮动的，也可以停放在一起。面板组内的面板显示为选项卡，如图 1-49 所示。

图 1-49　浮动面板组

　　Dreamweaver CS5.5 中的浮动面板很多,如果需要使用某个浮动面板,而界面中没有显示,可以在"窗口"菜单项中选择相应的命令打开。

1.4　HTML 基础

　　HTML(HyperText Mark-up Language)即超文本标记语言或超文本链接标示语言,是目前网络上应用最为广泛的语言,也是构成网页文档的主要语言。它能独立于各种操作系统平台,自 1990 年以来 HTML 就一直被用作 WWW 的信息表示语言,使用 HTML 语言描述的文件,需要通过 Web 浏览器显示出效果。

1.4.1　HTML 基本标记

　　基本标记是用来定义页面属性的一些标记语言。通常一份 HTML 网页文件包含 3 个部分:标头区<head>……</head>、内容区<body>……</body>和网页区<html>……</html>。基本结构如下:

```
<html>
<head>
<title>标题部分</title>
</head>
<body>
正文部分
</body>
</html>
```

　　1. <html>……</html>

　　<html>标志用于 HTML 文档的最前面,用来标识 HTML 文档的开始。而</html>标志恰恰相反,它放在 HTML 文档的最后面,用来标识 HTML 文档的结束,两个标志必须一起使用。

　　2. <head>……</head>

　　<head>和</head>构成 HTML 文档的开头部分,在此标志对之间可以使用<title></title>、<script></script>等标志对。这些标志对都是用来描述 HTML 文档相关信息的,<head>和</head>标志对之间的内容是不会在浏览器的框内显示出来的,两个标志必须一起使用。

　　3. <body>……</body>

　　<body>和</body>是 HTML 文档的主体部分,在此标志对之间可包含<p>……</p>、<h1>……</h1>、
、<hr>等众多的标志。它们所定义的文本、图像等将会在浏览器的框内显示出来。<body>标志主要属性如表 1-1 所示。

表 1-1　<body>标志主要属性

属性	用途	范例
<body bgcolor="#rrggbb">	设置背景颜色	<body bgcolor="#red">红色背景
<body text="#rrggbb">	设置文本颜色	<body text="#0000ff">蓝色文本
<body link="#rrggbb">	设置链接颜色	<body link="blue">链接为蓝色
<body vlink="#rrggbb">	设置已使用的链接的颜色	<body vlink="#ff0000">链接为红色
<body alink="#rrggbb">	设置鼠标指向的链接的颜色	<body alink="yellow">黄色

以上各个属性可以结合使用，如<body bgcolor="red" text="#0000ff">。引号内的 rrggbb 是用 6 个十六进制数表示的 RGB（即红、绿、蓝 3 色的组合）颜色，如#ff0000 对应的是红色。

4. <title>……</title>

使用过浏览器的人可能都会注意到浏览器窗口最上边蓝色部分显示的文本信息，那些信息一般是网页的主题。要将网页的主题显示到浏览器的顶部其实很简单，只要在<title></title>标志对之间加入需要显示的文本即可。

下面是一个简单的网页实例。通过该实例，读者便可以了解以上各个标志对在一个 HTML 文档中的布局或所使用的位置。

```
<html>
<head>
<title>显示在浏览器窗口最顶端的文本</title>
</head>
<body bgcolor="red" text="blue">
<p>红色背景、蓝色文本</p>
</body>
</html>
```

1.4.2　格式标记

1. <p>……</p>

<p></p>标志对是用来创建一个段落，在此标志对之间加入的文本将按照段落的格式显示在浏览器上。<p>标志还可以使用 align 属性，它用来说明对齐方式，语法如下所示。

```
<p align="参数"></p>
```

Align 的参数可以是 Left（左对齐）、Center（居中）和 Right（右对齐）3 个值中的任何一个。例如<p align="center"></p>表示标志对中的文本使用居中的对齐方式。

2.

是一个很简单的单标记指令，它没有结束标志，因为它用来创建一个回车换行，即标记文本换行。

3. <blockquote>……</blockquote>

在<blockquote></blockquote>标志对之间加入的文本将会在浏览器中按两边缩进的方式显示出来。

4. <ol>……</ol>、<ul>……</ul>、<li>……</li>

<ol></ol>标志对用来创建一个标有数字的列表。<ul></ul>标志对用来创建一个标有圆点的列表。<li></li>标志对只能在<ol></ol>或<ul></ul>标志对之间使用，此标志对用来创建一个列表项，若<li></li>放在<ol></ol>之间，则每个列表项加上一个数字；若放在<ul></ul>之间，则每个列表项加上一个圆点。示例如下所示：

```
<html>
<head>
<title>列表示例</title>
</head>
<body text="blue">
<ol>
```

```
<p>水果</p>
<li>香蕉</li>
<li>葡萄</li>
<li>苹果</li>
</ol>
<ul>
<p>蔬菜</p>
<li>西红柿</li>
<li>菜花</li>
<li>芦笋</li>
</ul>
</body>
</html>
```

该实例在网页中的效果如图 1-50 所示。

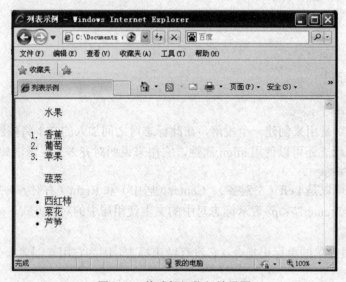

图 1-50　格式标记执行效果图

5．<div>……</div>

<div></div>标志对用来排版大块 HTML 段落，也用于格式化表，此标志对的用法与 <p></p>标志对非常相似，同样有 align 对齐方式属性。

1.4.3　文本标记

文本标记主要针对文本的属性设置进行标记说明，如斜体、黑体字、加下划线等。

1．<pre>……</pre>

<pre></pre>标志对用来对文本进行预处理操作。

2．<h1></h1>……<h6></h6>

HTML 语言提供了一系列对文本中的标题进行操作的标志对：<h1></h1>、<h2></h2>……<h6></h6>。<h1></h1>是最大的标题，而<h6></h6>则是最小的标题。如果在 HTML 文档中需要输出标题文本，可以使用这 6 对标题标志对中的任何一对。

3．<b>……</b>、<i>……</i>、<u>……</u>

<b></b>用来使文本以黑体字的形式输出；<i></i>用来使文本以斜体字的形式输出；<u></u>用来使文本以下加一划线的形式输出。

4．<tt>……</tt>、<cite>……</cite>、<em>……</em>、<strong>……</strong>

<tt></tt>用来输出打字机风格字体的文本；<cite></cite>用来输出引用方式的字体，通常是斜体；<em></em>用来输出需要强调的文本（通常是斜体加黑体）；<strong></strong>则用来输出加重文本（通常也是斜体加黑体）。

5．<font>……</font>

<font></font>可以对输出文本的字体大小、颜色进行随意的改变。这些改变主要是通过对它的两个属性 size 和 color 的控制来实现的。size 属性用来改变字体的大小，它可以取值为-1、1 和+1；而 color 属性则用来改变文本的颜色，颜色的取值是十六进制 RGB 颜色码或 HTML 语言给定的颜色常量名。

文本标记的具体用法如以下代码所示：

```
<html>
<head>
<title>文本标记的综合示例</title>
</head>
<body text="blue">
<h1>使用 h1 的标题</h1>
<h3>使用 h3 的标题</h3>
<h6>使用 h6 的标题</h6>
<p><b>黑体字文本</b></p>
<p><i>斜体字文本</i></p>
<p><u>加下划线文本</u></p>
<p><tt>打字机风格的文本</tt></p>
<p><cite>引用方式的文本</cite></p>
<p><em>强调的文本</em></p>
<p><strong>加重的文本</strong></p>
<p><font size="+1" color="black">size 取值"+1"、color 取值"blue"的文本</font></p>
</body>
</html>
```

该实例在网页中的效果如图 1-51 所示。

1.4.4　图像标记

图像在网页制作中是非常重要的一个方面，HTML 语言也专门提供了<img>标志来处理图像的输出。

1．<img>

<img>标志并不是真正地把图像加入到 HTML 文档中，而是将标志对的 src 属性赋值。这个值是图像文件的文件名，其中包括路径，这个路径可以是相对路径，也可以是网址。所谓相对路径是指所要链接或嵌入到当前 HTML 文档的文件与当前文件的相对位置所形成的路径。通常图像文件都会放在网站中一个独立的目录里。必须注意一点，src 属性在<img>标志中必须赋值，是标志中不可缺少的一部分。

图 1-51　文本标记执行效果图

除此之外，<img>标志还有 alt、align、border、width 和 height 属性。align 是图像的对齐方式，border 属性是图像的边框，可以取大于或者等于 0 的整数，默认单位是像素。width 和 height 属性是图像的宽和高，默认单位也是像素。alt 属性是当光标移动到图像上时显示的文本。

2. <hr>

<hr>标志是在 HTML 文档中加入一条水平线。它可以直接使用，具有 size、color、width 和 noshade 属性。

size 用来设置水平线的厚度，而 width 用来设定水平线的宽度，默认单位是像素。noshade 属性不用赋值，而是直接加入标志即可使用，它是用来加入一条没有阴影的水平线，不加入此属性水平线将有阴影。图像标记的使用如以下代码所示。

```
<html>
<head>
<title>图像标记的综合示例</title>
</head>
<body>
<p align="center">
<imgsrc="wangyesheji.jpg" width="576" height="476" alt="网页设计">
</p>
<hr width="600" size="1" color="#0000FF">
</body>
</html>
```

该实例在网页中的效果如图 1-52 所示。

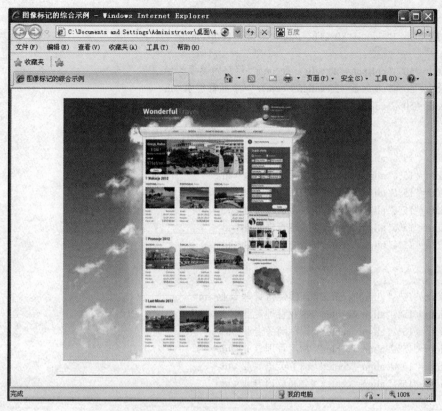

图 1-52 图像标记执行效果图

1.4.5 表格标记

表格标记对于制作网页是很重要的，很多网页都使用多重表格，因为表格不但可以固定文本或图像的输出，而且还可以任意地进行背景和前景颜色的设置。

1．<table>……</table>

<table></table>标志对用来创建一个表格。它的属性较多，诸如 bgcolor、bordercolor、cellpadding 等。

2．<tr>……</tr>、<td>……</td>

<tr></tr>标志对用来创建表格中的每一行。此标志对只能放在<table></table>标志对之间使用，而在此标志对之间加入文本将是无效的。

<td></td>标志对用来创建表格中一行中的每一个表格，此标志对只有放在<tr></tr>标志对之间才是有效的。

3．<th>……</th>

<th></th>标志对用来设置表格头，通常是黑体居中文字。

表格标记的综合示例，如下所示。

```
<html>
<head>
<title>表格标记的综合示例</title>
</head>
```

```
<body>
<table border="1" width="80%" bgcolor="yellow" cellpadding="2" >
<tr>
<th width="50%" colspan="2" valign="center">经济贸易系</th>
<th width="50%" colspan="2" valign="center ">工商管理系</th>
<th width="50%" colspan="2" valign="center ">外语旅游系</th>
</tr>
<tr>
<td width="15%" align="center">电子商务专业</td>
<td width="15%" align="center">市场营销专业</td>
<td width="15%" align="center">工商企业管理专业</td>
<td width="15%" align="center">人力资源管理专业</td>
<td width="15%" align="center">旅游管理专业</td>
<td width="15%" align="center">航空服务专业</td>
</tr>
<tr>
<td width="15%" align="center">连锁经营管理专业</td>
<td width="15%" align="center">物业管理专业</td>
<td width="15%" align="center">国际商务专业</td>
<td width="15%" align="center">物流管理专业</td>
<td width="15%" align="center">商务英语专业</td>
<td width="15%" align="center">会展英语专业</td>
</tr>
</table>
</body>
</html>
```

该实例在网页中的效果如图 1-53 所示。

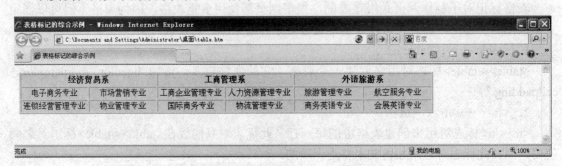

图 1-53 表格标记执行效果图

1.4.6 链接标记

链接是 HTML 语言的一大特色，正因为有了链接，网站内容的浏览才能够具有灵活性和网络性。

1．<a href="……">……</a>

该标志对的属性 href 是必填项，标志对之间加入需要链接的文本或图像（链接图像即加入<imgsrc="">标志）。

　　href 的值可以是 URL 形式，即网址或相对路径，也可以是 mailto:形式，即发送 E-mail 形式。当 href 为 URL 时，语法为<a href="URL"></a>，这样就构成一个超文本链接了。示例如下：

　　<a href="http://www.baidu.com/">百度首页</a>

　　当 href 为邮件地址时，语法为<a href="mailto:EMAIL"></a>，这就创建了一个自动发送电子邮件的链接，mailto:后边紧跟想要自动发送的电子邮件的地址（即 E-mail 地址）。例如：

　　<a href="mailto:wangyezhizuo@163.net">这是我的电子信箱（E-mail 信箱）</a>

　　此外，<a href=""></a>还具有 target 属性，此属性用来指明浏览的目标帧。

　　2．<a name="……">……</a>

　　<a name=""></a>标志对要结合<a href=""></a>标志对使用才有效果。<a name=""></a>标志对用来在 HTML 文档中创建一个标签（即做一个记号），属性 name 是不可缺少的，它的值即是标签名。例如：

　　<a name="标签名">此处创建了一个标签</a>。

　　创建标签是为了在 HTML 文档中创建一些链接，以便能够找到同一文档中有标签的地方。要找到标签所在地，就必须使用<a href=""></a>标志对。

　　例如要找到"标签名"这个标签，就要编写如下代码：

　　<a href="#标签名">单击此处将使浏览器跳到"标签名"处</a>。

本章小结

　　本章从网页的基础知识入手，根据不同网站的特点，从颜色、布局结构等方面进行了一一阐述，同时全面展示和介绍了 Dreamweaver CS5.5 的工作界面及其功能含义以及后台 HTML 代码的核心标记。

习题 1

一、选择题

1．在 HTML 中，表示页面背景的是（　　）。

　　A．< body bgcolor= >　　　　　　　　B．< body bkcolor= >

　　C．< body agcolor= >　　　　　　　　D．< body color= >

2．在 HTML 中，下列标签中的（　　）标签在标记的位置强制换行。

　　A．<H1>　　　　　　　　　　　　B．<P>

　　C．<HR>　　　　　　　　　　　　D．

3．在 HTML 中，可以使用（　　）标记向网页中插入 GIF 动画文件。

　　A．<IMG>　　　　　　　　　　　B．<BODY>

　　C．<TABLE>　　　　　　　　　　D．<FORM>

4．在 HTML 中，下面（　　）不属于 HTML 文档的基本组成部分。

　　A．<HTML></HTML>　　　　　　　B．<BODY></BODY>

　　C．<HEAD></HEAD>　　　　　　　D．<STYLE></STYLE>

5．要在网页中显示如下文本，要求字体类型为隶书、字体大小为6，则下列 HTML 代码正确的是（　　）。

 A．<p><font size=6　type="隶书">欢迎访问我的主页！</font>

 B．<p><font size=+2 face="隶书">欢迎访问我的主页！</font>

 C．<p><font size=6　face="隶书">欢迎访问我的主页！</font>

 D．<p><font size=+3 style="隶书">欢迎访问我的主页！</font>

二、思考题

1．Dreamweaver CS5.5 的工作界面包含哪些板块？

2．什么是网页？什么是主页？

3．常见的网页布局的结构形式有哪些？

4．静态网页与动态网页的区别是什么？请罗列一些常见的动态网站。

5．请根据所掌握的 HTML 代码知识，用记事本编写设计一个简单的个人主页。

三、课外资源拓展

1．HTML 教程http://www.w3school.com.cn/

2．网站设计与开发人员之家http://www.blueidea.com/

3．网页设计师联盟http://www.68design.net/

第 2 章　站点的搭建与管理

本章通过介绍 Dreamweaver CS5.5 站点创建、站点管理、创建页面、页面属性设置等知识点，让读者对使用 Dreamweaver CS5.5 进行网页设计时有一个基本的了解。

2.1　创建本地站点

用 Dreamweaver 创建网页之前，应该首先创建本地站点，只有在本地站点范围内编辑网页，才能确保网页之间的正确链接。当本地站点通过测试且无误后，再上传到 Web 服务器上。

站点可以看作一系列文档的组合，这些文档之间通过各种链接关联起来，并拥有相似的属性。

建立本地站点就是在本地计算机硬盘上建立一个文件夹并用这个文件夹作为站点的根目录，然后将网页及其他相关的文件存放在该文件夹中。在 Dreamweaver 创建本地站点之前，首先需要规划站点。

2.1.1　规划站点

站点中通常包含各种不同类型的文件。在建立一个站点时，首先要在本地磁盘上创建一个站点文件夹（例如，D:\myweb）。为了便于管理网站中所包含的文件，需要将它们都放在站点文件夹内。

规划站点主要包括规划站点的栏目结构和资源结构。在站点根目录下可以建立多个不同的子文件夹，分别存放相关栏目中的 HTML 文件，如果是较为简单的网站，也可以将所有的 HTML 文件都存放在站点根目录下。在站点中通常还包括一些非 HTML 文件，如图像文件、声音文件等，它们是作为资源文件存在的，可以将其分门别类地存放在不同的子文件夹中，例如 image、audio 等文件夹。这样，当要在网页中插入某一个资源文件时，能很快地在相应的文件夹中找到。

规划站点时需要注意：站点文件夹下（包括站点文件夹）的所有子文件夹或文件在命名时需要遵循以下原则：见名识意；采用英文字母或数字命名，不要用汉字。

2.1.2　创建站点

（1）启动 Dreamweaver CS5.5 程序，单击菜单"站点"中的"管理站点"命令，弹出"管理站点"对话框，如图 2-1 所示。如果以前定义过站点，则其名称会在列表框中列出。

（2）单击"新建"按钮，弹出"站点设置对象"对话框，如图 2-2 所示，在"站点名称"文本框中输入要命名的站点名称，如 myweb，在"本地站点文件夹"文本框中输入已建好的本地站点文件夹的正确路径名称。

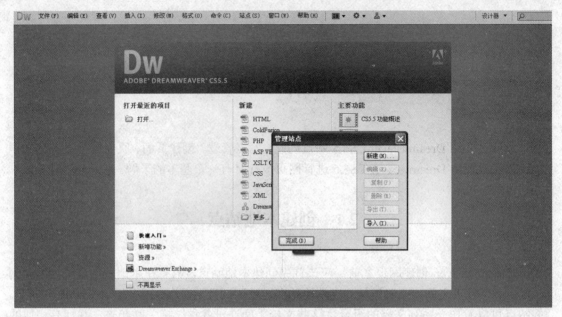

图 2-1　"管理站点"对话框

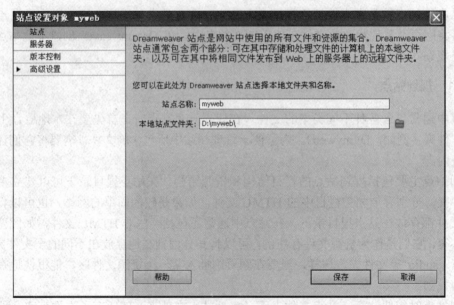

图 2-2　"站点设置对象 myweb"对话框

（3）站点的名称和存储的文件夹设置好之后，可以对站点的"服务器"类别进行设置，用户指定远程服务器和测试服务器。如果仅在 Dreamweaver 站点中工作，可以跳过这一项的设置，如果需要连接到远程服务器，可以单击页面左下角的加号，添加新服务器，如图 2-3 所示。

　　单击"+"按钮对服务器进行设置。设置分为"基本"和"高级"两个部分。"基本"设置主要是对服务器的名称、连接方法等进行设置。一般地，服务器默认的连接方法为 FTP 连接。其他的连接方法还有 SFTP、本地/网络、WebDAV 和 RDS，如图 2-4 所示。如果需要进一步设置，可以展开"更多选项"栏进行设置。

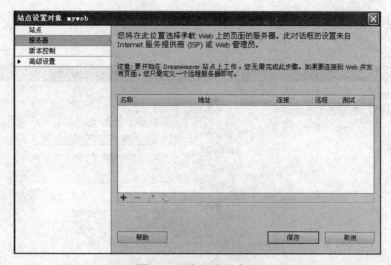

图 2-3   添加远程服务器

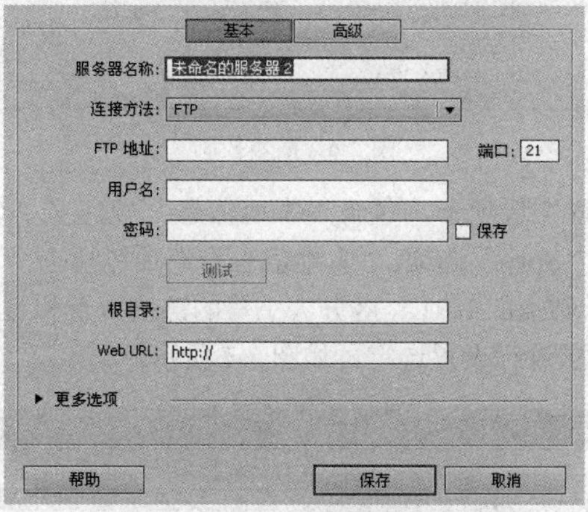

图 2-4   服务器的基本设置

"高级"设置是对远程服务器和测试服务器的服务器模型进行设置，如图 2-5 所示。

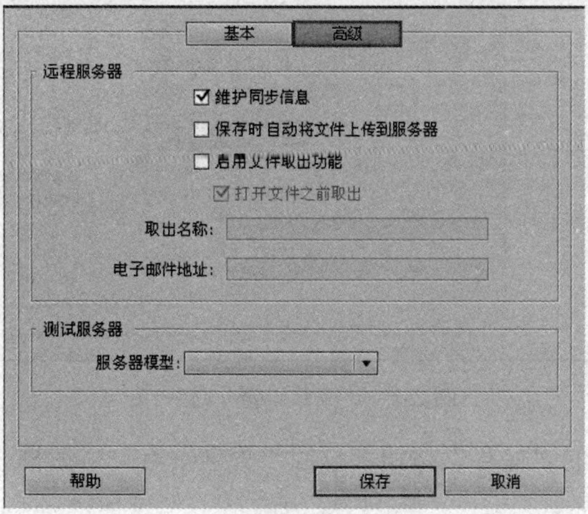

图 2-5   服务器的高级设置

（4）设置"版本控制"选项，用户可以设置使用 Subversion 获取和存回文件，如图 2-6 所示。

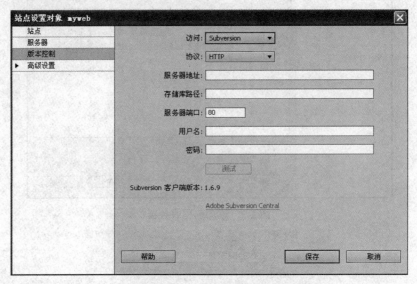

图 2-6 版本控制

（5）单击"高级设置"选项卡，包含"本地信息""遮盖""设计备注""文件视图列""Contribute""模板"和"Spry"选项。"本地信息"选项包括选择默认图像文件夹、设置链接相对的对象、设置 Web 站点的 URL、区分大小写的链接检查和缓存的启用与否。其余的几个选项可以根据用户的需求进行设置选定。如图 2-7 所示。

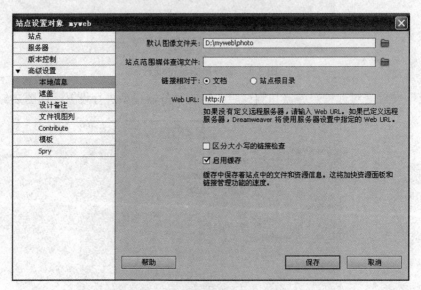

图 2-7 "高级设置"选项卡

（6）单击图 2-7 中的"保存"按钮，返回"管理站点"对话框。此时新建的站点出现在对话框中，如图 2-8 所示。

（7）单击图 2-8 中的"完成"按钮，新建的站点出现在"文件"面板上，如图 2-9 所示。

图 2-8 "管理站点"对话框

图 2-9 "文件"面板

2.2 管理本地站点

根据用户的需要,可以在 Dreamweaver CS5.5 中创建多个站点。在创建完一个本地站点后,通常还需要对站点和站点中的文件和文件夹进行管理,包括站点的编辑、复制和删除以及站点中的文件和文件夹的新建、复制、删除或重命名等。

2.2.1 编辑站点

1. 打开本地站点

若要对某个站点进行编辑或管理,首先需要打开该站点。在"文件"面板上方有两个下拉列表框,如图 2-10 所示,左边的下拉列表框是站点名称系列,在其中选择一个站点名称,即可打开本地站点。

2. 编辑站点

单击菜单"站点"中的"管理站点"命令,在"管理站点"对话框中选择已创建的站点,单击"编辑"按钮,可以对站点的相关属性进行修改。编辑完毕后,返回至"管理站点"对话框,单击"完成"按钮,即可完成站点的编辑。如图 2-11 所示。

图 2-10 打开站点

图 2-11 编辑站点

2.2.2 复制站点

启动 Dreamweaver CS5.5 程序,在菜单栏中单击"站点"中的"管理站点"命令,在"管理站点"对话框中单击"复制"按钮，就会在列表中出现复制站点，如图 2-12 所示。单击"完成"按钮，即可完成对站点的复制。

图 2-12   复制站点

2.2.3   删除站点

如果不再需要利用 Dreamweaver 对某个本地站点进行操作，则可以将其从站点列表中删除。

启动 Dreamweaver CS5.5 程序，在菜单栏中单击"站点"中的"管理站点"命令，在"管理站点"对话框中单击"删除"按钮，选择"是"按钮，即可将站点删除。如图 2-13 所示。

图 2-13   删除站点

2.2.4   创建文件夹和文件

启动 Dreamweaver CS5.5，打开创建好的站点，在窗口右边的"文件"面板中使用鼠标右键单击，准备创建文件夹和文件，在弹出快捷菜单中选择"新建文件夹"选项，即可完成创建文件夹的操作。如图 2-14 所示。

启动 Dreamweaver CS5.5，在"文件"面板中使用鼠标右键单击，在弹出快捷菜单中选择"新建文件"选项，即可完成创建文件的操作。如图 2-15 所示。

2.2.5   文件夹和文件的复制、删除或重命名

启动 Dreamweaver CS5.5，在"文件"面板中，用鼠标右键单击需要编辑的对象，在弹出的快捷菜单中选择"编辑"命令，在子菜单中选择"剪切""拷贝""删除""复制"或"重命名"命令即可。如图 2-16 所示。

图 2-14 创建文件夹

图 2-15 创建文件

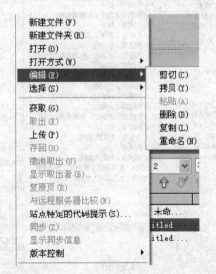

图 2-16 文件夹和文件的复制、删除或重命名

2.2.6 编辑站点文件

要编辑站点文件，可以双击"文件"面板上的该文件图标，如果是 HTML 文档就会载入 Dreamweaver 的"文档"窗口，编辑后保存文档，本地站点文件就会得到更新。如果是其他类型的文件，双击后会启动相应外部编辑器，然后可在其中进行编辑。

2.3 网页的基本操作

站点建立好之后，下面主要是针对网页进行操作。网页文件的基本操作包括：创建网页、打开与关闭网页、保存网页、预览网页及网页的页面属性设置等操作。

2.3.1 新建网页

Dreamweaver 提供了多种创建网页的方法，下面分别进行介绍。

（1）如果 Dreamweaver CS5.5 运行后显示起始页，则在起始页中直接选择"新建 HTML 文档"。如图 2-17 所示。

（2）如果 Dreamweaver CS5.5 已运行后不显示起始页，则在"文件"菜单选择"新建"命令，打开"新建文档"对话框。在"页面类型"列表框中选择"HTML"选项，或者直接选择"空白页"选项，然后单击"创建"按钮，即创建了一个新的文档。如图 2-18 所示。

图 2-17 直接新建 HTML 文档

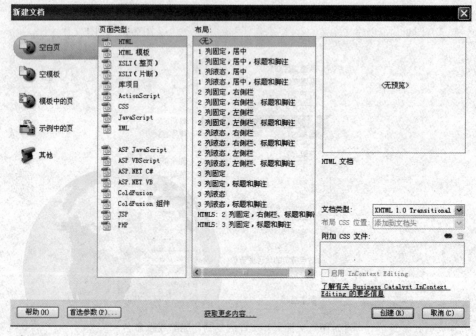

图 2-18 通过"文件"菜单新建 HTML 文档

2.3.2 保存网页

新建网页文档编辑完成后，需将其保存起来。保存网页的方法如下。

（1）新建一个文件后，选择菜单"文件"中的"保存"命令，将打开"另存为"对话框，如图 2-19 所示。选中保存路径，给文件命名，选择保存类型，然后单击"保存"按钮即可完成文件保存。

（2）在文档窗口中，也可以直接按 Ctrl+S 组合键，打开"另存为"对话框进行网页文件的保存。

图 2-19　"另存为"对话框

2.3.3　打开与关闭网页

如果要编辑或查看一个已有的网页文件，需要打开此文档。打开文档有多种方法，分别介绍如下。

（1）启动 Dreamweaver CS5.5 程序，在起始页面中显示了最近编辑过的文件，单击目标文件，即可打开，如图 2-20 所示。

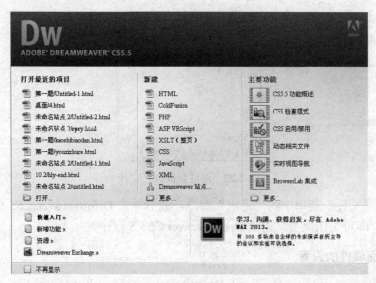

图 2-20　直接单击打开文件

（2）选择"文件"菜单中的"打开"命令，出现"打开"对话框，如图 2-21 所示。在"查找范围"下拉列表框中选定要打开文档所在的位置，在"文件名"文本框中输入要打开的文件名或直接在上方的列表框中选中要打开的文件，单击"打开"按钮即可完成文档的打开。

图 2-21　从对话框打开文件

（3）在文档窗口中，也可以直接按 Ctrl+O 组合键，出现"打开"对话框。

（4）通过"文件"面板打开文档。在"文件"面板中找到相应的文档，双击即可打开。如图 2-22 所示。

图 2-22　通过面板打开文件

（5）选择"文件"菜单中的"退出"命令，或者单击 Dreamweaver CS5.5 窗口右上角的"关闭"按钮，即可关闭网页，退出 Dreamweaver CS5.5 程序。

2.3.4　页面属性的设置

在正式开始制作网页前，需要对新建的页面进行一些必要的页面属性设置。在编辑窗口下选择"修改"菜单中的"页面属性"，或在工作区单击鼠标右键，在快捷菜单中选择"页面属性"，打开"页面属性"对话框，如图 2-23 所示。

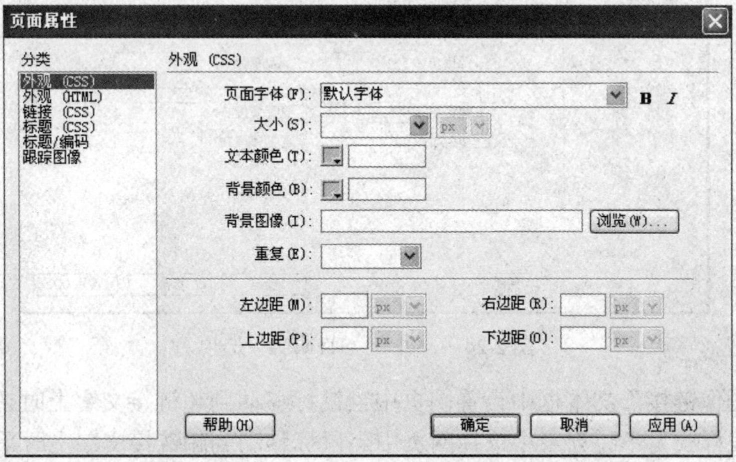

图 2-23　"页面属性"对话框

"页面属性"对话框中的各选项含义如下：

（1）外观（CSS）：在该选项中可以设置页面的一些基本属性，并且将设置的页面相关属性自动生成为 CSS 样式表写在页面头部，如图 2-23 所示。

在"页面字体"下拉列表中选择一种字体设置为页面字体，后面按钮分别设置字体加粗和倾斜。

在"大小"下拉列表中选择页面的默认字号，还可以设置页面字体大小的单位，默认为"像素（px）"。

在"背景颜色"文本框中设置页面的背景颜色。默认为白色，点击颜色选择图标可以选择其他的颜色。例如"#FFFFFF"，是以 16 进制形式显示的 RGB 色值。

在"背景图像"文本框中输入网页背景图像的路径，也可点击"浏览"按钮，为网页添加背景图像。

在使用图像作为背景时，可以在"重复"下拉列表中选择背景图像的重复方式，包括"no-repeat""repeat""repeat-x""repeat-y"。

左右边距和上下边距是用来设置网页边距，一般都设置为"0"以方便于网页的编辑。

（2）外观（HTML）：该选项的设置与"外观（CSS）"的设置基本相同，唯一的区别是"外观（HTML）"设置的页面属性将会自动在页面主体标签<body>中添加相应的属性设置代码，而不会自动生成 CSS 样式。如图 2-24 所示。

（3）链接（CSS）：在该选项中可以设置一些与页面的链接效果有关的设置，在设置完成后，同样会将设置的页面相关属性自动生成为 CSS 样式表写在页面头部，如图 2-25 所示。

在"链接字体"下拉列表中选择页面超链接文本在默认状态下的字体。

在"大小"下拉列表中选择超链接文本的字体大小。

在"链接颜色"文本框中设置网页中文本超链接的颜色。

在"已访问链接"文本框中设置网页中访问过的超链接的颜色。

在"活动链接"文本框中设置网页中激活的超链接的颜色。

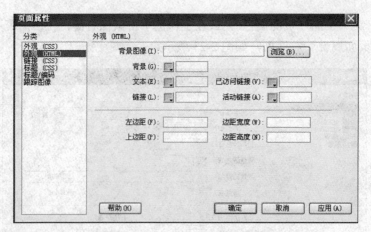

图 2-24　"外观（HTML）"选项

在"变换图像链接"文本框中设置网页中当鼠标移动到超链接文字上时超链接的颜色。
在"下划线样式"下拉列表中选择网页中当鼠标移动到超链接文字上时采用何种下划线。

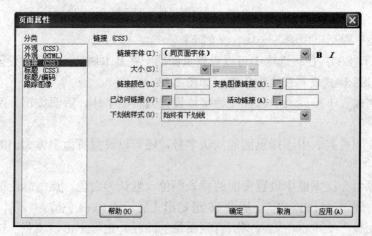

图 2-25　"链接（CSS）"选项

（4）标题（CSS）：在该选项中可以设置标题字体等属性，如图 2-26 所示。

图 2-26　"标题（CSS）"选项

标题字体：定义标题文字的字体。

标题 1：定义一级标题文字的字号和颜色。

标题 2：定义二级标题文字的字号和颜色。

标题 3：定义三级标题文字的字号和颜色。

标题 4：定义四级标题文字的字号和颜色。

标题 5：定义五级标题文字的字号和颜色。

标题 6：定义六级标题文字的字号和颜色。

（5）标题/编码："标题"显示在浏览器的标题栏和状态栏中，当网页被收藏时，标题显示在收藏夹中。"编码"用来设置当前网页字体采用的编码种类。中国大陆地区一般默认编码为简体中文 GB2312，如图 2-27 所示。

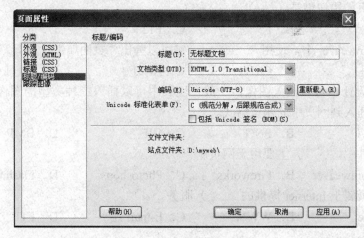

图 2-27　"标题/编码"选项

（6）跟踪图像：进行网页制作时插入用作参考的图像文件，如网页效果图等，如图 2-28 所示。

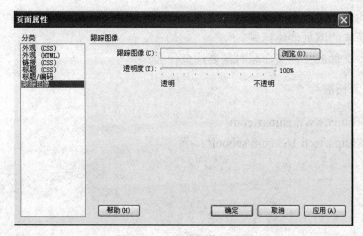

图 2-28　"跟踪图像"选项

本章小结

本章重点介绍了利用 Dreamweaver CS5.5 进行站点、页面等的创建和管理流程，为下一步网页制作打下良好的基础。

习题 2

一、选择题

1．预览网页的快捷键是（　　）。
  A．F1　　　　　　　B．F5　　　　　　　C．F12　　　　　　　D．F8
2．在 Dreamweaver 中，使用（　　）组合键可以弹出"页面属性设置"。
  A．Ctrl+J　　　　　B．Ctrl+I　　　　　C．Alt+J　　　　　　D．Alt+I
3．在网页设计中可以插入图像，一般在网页中可以插入三种类型的图像，下列选项中（　　）不属于插入到网页中的图像格式。
  A．JPEG　　　　　　B．PNG　　　　　　C．GIF　　　　　　　D．BMP
4．下列软件中，（　　）主要用于网页制作。
  A．Dreamweaver　　B．Fireworks　　　C．Photoshop　　　　D．Flash
5．浏览网页属于 Internet 提供的（　　）服务。
  A．Telnet　　　　　B．WWW　　　　　　C．E-mail　　　　　D．FTP

二、思考题

1．创建本地站点的作用是什么？
2．如何创建和管理站点？
3．在已建的网站中，如何新建网页文件 index.htm？
4．如何为新建的网页创建标题？
5．为站点中文件或文件夹命名时需要注意什么？

三、课外资源拓展

1．站长之家http://www.chinaz.com/
2．网易学院http://tech.163.com/school/

第 3 章　网页中的基本元素

通常情况下，构成网页的元素有文本、图像、多媒体等，这些基本元素可以通过表格的方式布局到网页上。网页的各构成要素在网页中担当着各自的角色，共同保证信息的有效传达，是网页发挥整体作用不可缺少的部分。

3.1　文本及其常用格式设置

文本是网页中不可缺少的元素，设置良好的文本格式，能充分体现网页的主旨。

3.1.1　复制和粘贴文本

除了可以在网页中直接输入文本外，还可以将事先准备好的文件中的文本插入到网页中，具体操作步骤如下：

（1）在文件面板中，找到要插入的文本所在的文件，在 Dreamweaver 中打开。

（2）选择要复制的内容，在网页中进行粘贴。

提示：建议事先准备好文字素材，这样有利于团队合作，能够做到分工明确。

3.1.2　分段和换行

把文本文件中的文字素材复制到网页文档中时，不会自动换行或者分段，当文字内容比较多时，就必须换行和分段，这样可以使文档内容便于阅读。

分段直接按 Enter 键即可，而换行要按 Shift+Enter 组合键。

1. 段落标签<p></p>

为了排列地整齐、清晰，在文字段落之间常用<p></p>来做标记。文件段落的开始由<p>来标记，段落的结束由</p>来标记，</p>是可以省略的，因为下一个<p>的开始就意味着上一个</p>的结束。

2. 换行标签

在 HTML 文本显示中，默认是将一行文字连续地显示出来，如果想把下一个句子后面的内容在下一行显示就会用到换行符
。换行符号标签是个单标签，也叫空标签，不包含任何内容，在 HTML 文件中的任何位置只要使用了标签
，当文件显示在浏览器中时，该标签之后的内容将在下一行显示。

3.1.3　插入空格及文本缩进方式

1. 插入空格

Dreamweaver 在默认的状态下是不能连续输入空格的，可以通过下面的设置使页面中能够输入连续空格：打开"编辑"菜单下的"首选参数"，在"首选参数"对话框的"常规"选项卡中勾选"允许多个连续的空格"复选框，如图 3-1 所示。

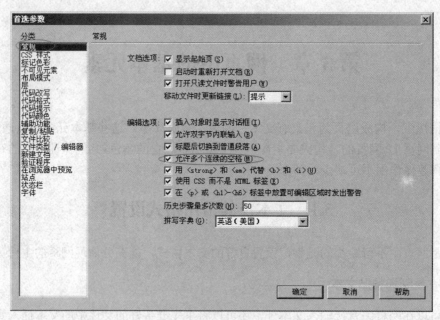

图 3-1　"首选参数"对话框

2. 文本缩进方式

可以使用文本凸出和文本缩进按钮 ≛ ≛ 来缩进和调整段落和文本块的首行缩进。

3.2　图形图像及其常用设置

为了充分地表达网页的主题，吸引更多浏览者的眼球，网页中经常插入图像。在网页中添加图像时，可以设置或修改图像属性并直接在"文档"窗口中查看所做的更改。

网页图像的格式主要有以下三种。

1. GIF

GIF（Graphics Interchange Format）即图像交换格式。GIF 是位图图像，最多可以有 256 种颜色。利用 Adobe Fireworks 等图形工具，在保证图像品质的情况下，可以将 GIF 图像的颜色减少到最小程度，从而压缩文件，减少下载时间。

GIF 格式支持透明背景，使图像可以更好地融入网页中。

GIF 提供动画功能。使用 Adobe Fireworks 软件，可以把多个图像制作成一个 gif 文件，在网页中插入简单动画。

2. JPEG

JPEG（Joint Photographic Experts Group，联合图像专家组）格式是专门为处理照片而开发的，是一种有损压缩格式，能够将图像压缩在很小的存储空间，图像中重复或不重复的资料会被丢失，因此容易造成图像数据的损伤。比如数码相机拍摄的图像都为扩展名为"*.jpg"文件。

JPEG 与 GIF 相比，JPEG 格式表现颜色丰富，可以支持 1670 万种颜色，但是没有透明度，也没有动画功能。一般在网页制作中，色彩丰富的图片采用 JPEG 格式；如果图像颜色较少时，比如网站 logo 或一些小图标、分隔线等采用 GIF 格式。

3. PNG

PNG（Portable Network Graphics），即便携式网络图片。PNG 综合了上述两种格式的优点：压缩时像 GIF 一样没有像素上的损失，还能像 JPEG 那样呈现数以百万计的颜色。

PNG 提供了一种隔行显示方案，显示速度比 GIF 和 JPEG 都快得多，同时还具有优秀的透明度的支持能力。PNG 是 Adobe Fireworks 固有的文件格式。

3.2.1　插入图像

在网页设计中，恰当地运用图像，可以更好地体现网站的风格和特色。插入图像步骤如下。

（1）将插入点放置在要显示图像的地方。

（2）单击"常用"工具栏的"图像"按钮，打开"选择图像源文件"对话框，如图 3-2 所示，从图像文件夹中选择图像文件，单击"确定"按钮。单击选中图像，可以在属性面板对图像进行设置。

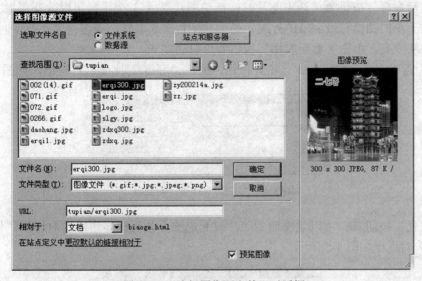

图 3-2　"选择图像源文件"对话框

注意：插入的图像必须位于当前站点内，同时引用文件路径的文件夹层数最好不要超过三层，如果文件不在站点内或文件夹层数过多，会造成图像无法显示。

3.2.2　设置图像属性

图像属性面板如图 3-3 所示，包括以下部分。

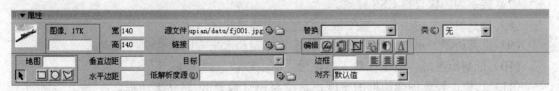

图 3-3　图像属性面板

（1）图像标记名称：在这个文本框中输入图像标记的名称。

（2）宽、高：设置图像的宽度和高度，单位为 px（像素）。

注意：这里只是网页中显示效果的大小的改变，图像文件并不发生变化，改变图像大小时，应当使用图像处理软件 Photoshop 或 Fireworks 来处理。

（3）源文件：指定图像的 URL 路径。当需要替换图片时，单击右侧的"浏览"按钮 ，打开对话框，从磁盘上选择文件来实现，也可拖动"指向文件"按钮 指向站点中要插入的图片。

（4）链接：用来输入超链接的 URL 地址。

·（5）使用图像编辑软件裁剪及美化图像。

1）"编辑"按钮：可以调用 Photoshop 或 Fireworks 对图像进行编辑。

2）Fireworks "最优化"按钮 ：打开 Fireworks 的优化窗口，进行图像的优化。选中图像，单击"最优化"按钮。

3）"裁剪"按钮 ：使用内置的裁切工具进行图像的裁切。

4）"重新取样"按钮 ：选中图片时，拖动图片周围 3 个手柄可以改变图像大小。如果希望调整过小的图像有最清晰的外观，必须对图片重新取样。当图片大小改变时，"重新取样"按钮由灰变亮，单击"重新取样"按钮即可自动完成。

5）"亮度/对比度"按钮 ：点击此按钮，弹出"亮度/对比度"对话框，如图 3-4 所示。

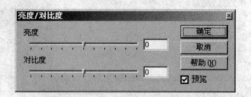

图 3-4   "亮度/对比度"对话框

6）"锐化"按钮 ：可以让模糊的照片锐利起来，从而提高边缘的对比度，使图像更清晰，"锐化"对话框如图 3-5 所示。

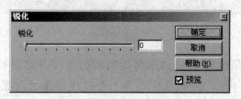

图 3-5   "锐化"对话框

（6）替换：当鼠标停留在图像上时，会显示替换文本框中输入的说明文字。

（7）类：为图像设置 CSS 样式。

（8）热点地图：用于在一幅图像上创建多个链接热区。

（9）垂直边距、水平边距：设置图像垂直方向和水平方向上的空白间距。

（10）低解析度源：指定在载入主图像之前应该载入的图像。

（11）边框：设置图像边框的宽度，单位为 px（像素），默认无边框。

（12）"对齐"按钮 ：设置图像水平方向显示位置。

（13）"对齐"下拉列表：对齐同一行上的图像和文本。

（14）"折叠"按钮：可以展开和折叠属性面板。

3.2.3　插入图像占位符

网站能够让用户免费访问，很大程度上依赖于广告来支撑成本。网页设计人员有时并不需要动手设计广告，只需给广告留下位置，等到专业设计师把广告设计完成，直接插入即可，这样可以很大程度上提高网站的开发效率。这个位置可以通过图像占位符来实现，插入图像占位符步骤如下。

（1）把光标定位在需要插入图像占位符的地方，如图 3-6 所示，单击"常用"工具栏中"图像"下拉菜单中的"图像占位符" ，打开"图像占位符"对话框，输入内容如图 3-7 所示。

图 3-6　"图像"下拉菜单

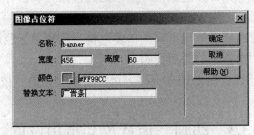

图 3-7　"图像占位符"对话框

该对话框中各项设置含义如下：

1）名称：图像占位符的名称，名称只能包含小写 ASCII 字母或数字，且不能以数字开头，可以空白不填。

2）宽度、高度：设置图像占位符的宽和高，单位为 px（像素）。

3）颜色：设置图像占位符的颜色，默认为灰色。

4）替换文本：输入图像占位符的说明性文字，在浏览器中可以看到。

（2）输入完毕，单击"确定"按钮，插入图像占位符。按 F12 键预览网页，鼠标停留在图像上，弹出"替换文本"中的内容。

3.2.4　插入鼠标经过图像

鼠标经过图像也称"翻转图像"，是当用户的鼠标指针经过时产生某种变化的图像，同时还可以在图像内加入链接，常用于点击时打开另一个网页的按钮。插入鼠标经过图像步骤如下。

（1）在站点中新建一个 html 文件，命名为 P2.html。

（2）光标定位页面左侧，单击"常用"工具栏中"图像"下拉菜单中的"鼠标经过图像" ，打开"插入鼠标经过图像"对话框，输入内容如图3-8所示，设置完毕后，单击"确定"按钮。

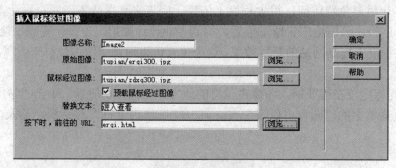

图 3-8 "插入鼠标经过图像"对话框

该对话框中各项设置含义如下：

1）图像名称：鼠标经过图像的名称，命名规则同图像占位符，可以使用 Dreamweaver 自动生成的名称。

2）原始图像：鼠标指针不在图像上时显示的图像路径和名称。可以单击"浏览"按钮来选择文件。

3）鼠标经过图像：鼠标指针经过图像时显示的图像路径和名称。可以单击"浏览"按钮来选择文件。

4）预载鼠标经过图像：通常情况下勾选该复选框，这样鼠标经过图像时显示没有延迟。

5）替换文本：输入图像按钮的简要说明。

6）按下时，前往的 URL：指定图像链接。可以单击"浏览"按钮选择文件。

3.3 动画、声音及其常用设置

3.3.1 插入 SWF 动画

（1）双击打开站点 index.html 文件，光标在页面行首定位。

（2）单击"常用"工具栏的"媒体"下拉菜单，如图3-9所示，单击"Flash"，打开"选择文件"对话框。

（3）在"选择文件"对话框中选择要插入的 Flash 文件（.swf），然后单击"确定"按钮。此时看到编辑窗口中有一个灰色区域，周围有 3 个黑色矩形块句柄，可以调整区域的大小，调整 Flash 大小覆盖背景图片。单击 F12 键，在浏览状态下可以看到 Flash 动画效果。

（4）浏览发现，刚插入的 Flash 动画覆盖住了背景的图片。如果想设置 Flash 动画背景透明，则单击选中 Flash 动画，在"属性"面板中单击"参数"按钮，打开"参数"对话框，单击 + 按钮，在参数列表输入"wmode"，在值列表中输入"transparent"，如图3-10所示。

图 3-9　"媒体"下拉菜单

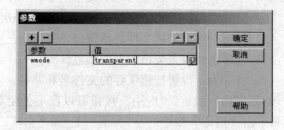

图 3-10　"参数"对话框

插入 Flash 后，选中动画，即可在"属性"面板中设置其属性，如图 3-11 所示。

图 3-11　Flash 动画属性

1）Flash 名称：该文本框指定 Flash 动画的名称。

2）宽、高：指定 Flash 被浏览器浏览时的宽度和高度，默认单位为 px（像素）。

3）文件：用来设置 Flash 对象的 URL 路径，单击右侧的按钮可以选择文件。

4）编辑：启动 Adobe Flash 软件编辑 Flash 动画。

5）类：可以引用 CSS 样式。

6）循环：选中此复选框，设置 Flash 动画循环播放。

7）自动播放：选中此复选框，设置自动播放 Flash 动画。

8）垂直边距、水平边距：设置 Flash 动画与页面其他元素的距离。

9）品质：该下拉列表框设置 Flash 动画播放的效果。

10）比例：该下拉列表框设置 Flash 动画播放的比例。

11）对齐：该下拉列表框设置 Flash 动画播放相对页面的对齐方式。

12）背景颜色：设置 Flash 动画区域的背景颜色，在加载影片时和播放后显示此颜色。

13）重设大小：重置 Flash 动画到原始大小。

14）播放：单击该按钮，可以看到 Flash 动画播放时的效果。

15）参数：单击该按钮，可以打开"参数"对话框，用来编辑 Flash 动画的属性。"参数"对话框由"参数"和"值"两部分组成。单击 + 按钮可以增加一个新的参数，单击 — 按钮可以删除选定的参数。

3.3.2　插入 Flash 按钮

单击"常用"工具栏的"媒体"下拉菜单，单击"Flash 按钮"，打开"插入 Flash 按钮"对话框。

该对话框中各项设置含义如下：

（1）样式列表：单击选择按钮样式，可以在"范例"中看到显示的样式。

（2）按钮文本：输入在按钮上显示的文本。

（3）字体、大小：设置按钮上文字的字体和字号。

（4）链接：设置按钮所链接文件的路径，单击"浏览"按钮可查找链接的文件。

（5）目标：定义链接文件显示窗口。

（6）背景色：设置按钮的背景颜色。

（7）另存为：设置按钮保存的文件名和路径。

（8）应用、确定："应用"按钮可以在不关闭对话框的情况下查看按钮的设置效果，满意后再单击"确定"按钮。

3.3.3　插入 Flash 文本

单击"常用"工具栏的"媒体"下拉菜单，单击"Flash 文本"，打开"插入 Flash 文本"对话框。

该对话框中各项设置含义如下：

（1）颜色：设置文本颜色。

（2）转滚颜色：设置当鼠标停在 Flash 文本对象上时的文本颜色。

3.3.4　插入图片查看器

（1）双击打开文件，光标在页面行首定位，选择"插入记录"→"媒体"→"图像查看器"命令，打开"保存 Flash 元素"对话框。

（2）设置 Flash 保存的路径和文件名，单击"保存"按钮，此时会自动在页面中生成一个 swf 文件。对应该文件，在右侧打开一个 Flash 元素面板，如图 3-12 所示。

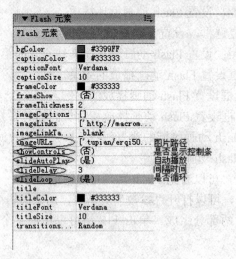

图 3-12　Flash 元素面板

（3）在这个面板中设置图片查看器的相关参数。单击"imageURLs"，可以通过右侧的"编辑数组集"图标打开"编辑 images urls 数组"对话框，用来选择站点目录下的图片，参数设置好后，可以单击"属性"面板中的"播放"按钮进行播放或按 F12 键浏览网页。

3.3.5 插入视频及音频

网络中常见的视频格式有 MPEG、AVI、WMV、RM 和 MOV 等。

网络中常用的音频格式有 MIDI、MP3 和 RA 等。

（1）打开文件，定位光标，单击"常用"工具栏的"媒体"下拉菜单，单击"插件"按钮，打开"选择文件"对话框，选择要插入的视频或音频文件，如图 3-13 所示。

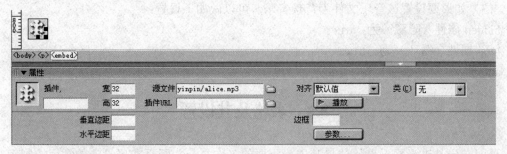

图 3-13　插入插件后的窗口

（2）设置视频或音频文件的属性。

选中插入的文件，在右侧的面板中选择"标签选择器"→"属性"→"常规"命令，如图 3-14 所示。

图 3-14　设置插入插件属性

1）src 属性：src="URL"。

embed 可以用来插入各种多媒体，格式可以是 midi/wav/aiff/avi/mp3 等。Url 为音频或视频文件及路径，可以是相对路径或绝对路径，修改 src 属性值，比如换成视频文件所在路径及文件名，即可播放视频。

2）autostart 属性：autostart="true/false"。

该属性值为 ture 时，音频或视频文件在下载完之后自动播放；若为 false，则音乐文件在下载之后不自动播放。

3）loop 属性：loop=正整数、true/false

该属性规定音频或视频文件是否循环及次数。属性值为正整数值时，音频或视频文件的循环次数与正整数值相同；属性值为 true 时，音频或视频文件循环；属性值为 false 时，音频或视频文件不循环。

4）hidden 属性：hidden= true/false。

该属性规定控制面板是否显示，默认值为 NO true 为隐藏面板，NO 则显示面板，如果设置背景音乐不希望插件图标显示则设为 ture。

5）width 和 height。

设置播放视频或音频窗口的宽和高，单位为像素。如果是视频文件，则把 width 和 height 的属性值修改得大一些。

（3）如果要设置该音乐文件为背景音乐，可以做如下设置：

hidden 属性（隐藏）为：true。

loop 属性（循环）为：true。

autoplay（自动播放）为：true。

3.4　表格及其设置

页面布局是进行网页设计的最基本最重要的工作之一，网页布局设计的常用控制工具是表格。Dreamweaver 中的表格功能非常强大，所见即所得的表格控制、拖放调整大小、轻松组织行列以及快速的表格重新格式化，大大缩短网页开发的周期。尽管目前网页设计的趋势是基于 CSS 的布局（Div+CSS），但表格仍然是显示结构化信息的最佳方法。表格由行、列组成，单元格是表格的最小单位，是输入信息的地方。

3.4.1　插入及选择表格

1．插入表格

（1）在站点中用鼠标右击新建文件 biaoge.html，双击打开该文件。将光标放置到文档中要插入表格的位置。

（2）单击"插入"工具栏中的"表格"按钮图标图，或选择"插入记录"→"表格"命令，打开"表格"对话框，如图 3-15 所示。

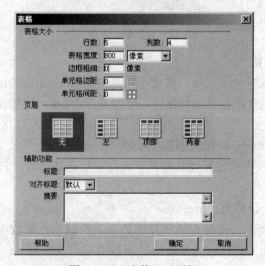

图 3-15　"表格"对话框

1）行数、列数：设置要插入表格的行数和列数。

2）表格宽度：定义表格的宽度。单位是"像素"或"百分比"、百分比指表格的宽度与屏幕宽度或嵌套子表格与其所在的嵌套父单元格的百分比。

3）边框粗细：设置整个表格边框的宽度。

4）单元格边距：设置单元格边框与单元格内容之间的间距，单位是像素。

5）单元格间距：设置单元格之间的间距，单位是像素。

6）页眉：设置是否给首行或首列分配一个页眉单元格。

7）标题：设置一个显示在表格外的表格标题。

8）对齐标题：设置表格标题显示在表格的顶部、底部、左侧或右侧。默认为顶部。

9）摘要：摘要是关于表格布局的描述，其内容不在浏览器中显示，在代码中可以看到显示。

（3）在"表格"对话框中设置表格为 5 行 4 列，宽度为 800px，边框为 0，单元格边距和单元格间距都为 0。单击"确定"按钮，在设计视图中看到插入的表格。

2. 选中表格

（1）光标置于表格的任一单元格中，单击编辑窗口左下角"标签选择器"中的<table>标签。

（2）选中行。将光标定位在需要选取的行中的任意一个单元格中，单击编辑窗口左下角"标签选择器"中的<tr>标签。

（3）选定整列。

方法一：将光标置于表格上边框上，当出现选定箭头时，单击鼠标，即可选定整列。

方法二：拖动鼠标。在表格某一列的最上面单元格上按下鼠标，垂直拖动到最下面的单元格松开鼠标即可。

3. 选定单元格

（1）选定一个单元格。将光标在单元中定位，单击编辑窗口左下角"标签选择器"中的<td>标签。

（2）选定多个连续单元格。

方法一：拖动鼠标选取。

方法二：单击区域内第一个单元格，然后按住 Shift 键并单击区域内的最后一个单元格，就可以选中以这两个单元格为左上和右下顶角的长方形区域内的所有单元格。

（3）选定不连续多个单元格。方法同上，按住 Ctrl 键并逐个单击单元格即可选中任意多个相邻或不相邻的单元格。

3.4.2　调整表格和单元格的大小

在 Dreamweaver CS3 中编辑表格的内容时，如果没有设定单元格的宽度，当开始在单元格内输入内容时，表格的边界会自动扩展以适应数据的大小，与此同时其他单元格缩小，但在这些单元格内输入内容或图片时，它们也会自动适应内容大小，如图 3-16 所示。

表格和单元格的大小可以通过鼠标拖动表格或单元格的边框来进行大致的设置，如果需要精确设置大小，需要在表格和单元格的属性中进行设置。（具体内容可以参考 3.4.5 节和 3.4.6 节的内容）。

图 3-16   单元格宽度随内容自动调整

3.4.3   添加和删除表格、行与列

1. 插入表格、行和列

（1）在表格之前、之后或在表格中插入表格。

将光标定位在表格之后，或按"←"键将光标定位在当前表格之前，此时插入点与表格同高，点击"常用"工具栏中的"表格"按钮田。

将光标在单元格中定位，单击"常用"工具栏中的"表格"按钮田，可以在表格中嵌套表格，表格嵌套是表格中常用的一种方法。

1）双击打开 index.html 文件，点击表格之后的区域，可以看到插入点在表格后闪烁，按"←"键，插入点切换到表格左侧。

2）单击"常用"工具栏中的"表格"按钮田，在此表格上面插入 10 行 1 列，宽度为 100 像素，"边框粗细"为 1 像素，"单元格边距"、"单元格间距"均为 0 的表格，示例结果如图 3-17 所示。

（2）插入行。

方法一：将光标定位到最后一行的最后一个单元格，按 Tab 键在当前行的下方新增一行。

方法二：将光标置于要插入行的单元格，选择"插入"→"表格对象"→"在上面插入行"或"在下面插入行"命令，如图 3-18 所示。

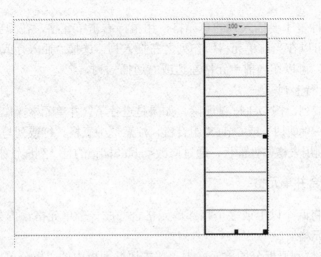

图 3-17　在单元格中插入表格

图 3-18　表格对象子菜单

方法三：将光标置于要插入行的单元格，用鼠标右击单元格，在弹出的快捷菜单中选择"插入行"命令，可以在当前单元格所在行之前插入行，选择"插入行或列"命令，打开"插入行或列"对话框，可以在当前单元格上面或下面插入行，如图 3-19 和图 3-20 所示。

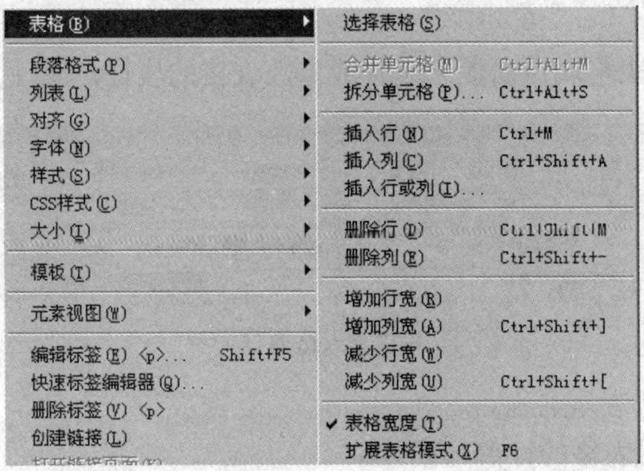

图 3-19　表格子菜单

（3）插入列。

方法一：将光标置于要插入列的单元格，选择"插入记录"→"表格对象"→"在左边插入列"或"在右边插入列"命令，如图 3-18 所示。

方法二：将光标置于要插入列的单元格，用鼠标右击单元格，在弹出的快捷菜单中选择"插入列"命令，可以在当前单元格所在列之左插入列，选择"插入行或列"命令，打开"插入行或列"对话框，可以在当前单元格左边或右边插入列。

2. 删除表格、行和列

选中表格、行或列，按 Delete 键删除，如果是进行了合并单元格操作，则删除该单元格行列应选择"编辑"→"剪切"或 Ctrl+X 组合键，注意选中表格、行或列与其中填充的内容是不同的对象，最后，利用表格属性面板，通过修改<table>标记的行、列属性来插入或删除行与列。

3.4.4 拆分和合并单元格

合并单元格指将两个以上或多个相邻单元格合并成一个单元格，拆分单元格指将一个单元格拆分成多个单元格。

（1）将光标定位到要拆分的单元格中，单击属性面板中的"拆分单元格为行或列"按钮 ，打开"拆分单元格"对话框，如图 3-21 所示，设置拆分单元格为 5 列。

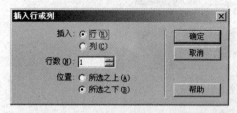

图 3-20   "插入行或列"对话框   图 3-21   "拆分单元格"对话框

（2）在这 5 个单元格中依次输入导航的内容。

（3）将光标定位于列 table 最后插入一行的单元格中，单击<tr>标记，选中这一行，单击其属性面板中的"合并单元格为行或列"按钮 ，将两个单元格合并为一个单元格，在此单元格中输入版权信息和联系方式等信息。

3.4.5 设置表格属性

选中表格后，利用表格属性面板来设置或修改表格的属性，属性面板如图 3-22 所示。

图 3-22   表格属性面板

（1）表格 Id：设置表格名称。

（2）行、列：设置表格的行数与列数。

（3）宽、高：设置表格的宽度与高度。

（4）填充：设置单元格内容与边框的距离。

（5）间距：设置每个单元格之间的距离。

（6）对齐：设置表格在页面中的对齐方式，包括 3 个选项，左对齐、居中对齐和右对齐，默认为左对齐。

（7）类：设置表格的 CSS 样式表格式。

（8）"清除列宽"按钮 和"清除行高"按钮 ：单击该按钮可以清除表格的宽度和高度，使表格宽度和高度恢复到最小状态。

（9）"将表格宽度转换为像素"按钮 、"将表格宽度转换为百分比"按钮 、"将表格高度转换为像素"按钮 、"将表格高度转换为百分比" 按钮：这四个按钮可以将表格宽度和高度的单位在像素与百分比之间进行转换。

（10）背景颜色：设置表格的背景颜色。

（11）背景图像：设置表格的背景图像。

（12）边框颜色：设置表格的边框颜色。

3.4.6 设置单元格的属性

将光标放置在单元格中，在其属性面板中设置单元格的属性，如图 3-23 所示，上半部分设置单元格内文本属性，下半部分设置单元格属性。单击属性面板右下角的 或 按钮可以折叠或展开面板。

图 3-23 单元格属性面板

（1）"合并单元格"按钮 ：单击此按钮可以将连续多个单元格、行或列合并为一个单元格。注意所选区域必须是矩形区域。

（2）"拆分单元格"按钮 ：单击此按钮，会打开"拆分单元格"对话框，如图 3-21 所示，可将一个单元格拆分成几行或几列。

（3）水平：设置单元格内元素的水平对齐方式，包括左对齐、居中对齐和右对齐，默认为左对齐。

（4）垂直：设置单元格内元素的垂直对齐方式，包括顶端、居中、底部和基线，默认为居中。

（5）宽、高：设置单元格的宽度和高度，单位为像素或百分比，像素单位（px）可不输入，白分比的"%"必须输入。

（6）不换行：该复选框设置单元格文本是否换行，通常情况下，单元格自动将其边框内的文本或多个图片进行换行，如果选择此复选框，则当输入的数据超出单元格宽度时，单元格会自动调整宽度来容纳数据。

（7）标题：选中此复选框，则设置单元格为标题单元格，表格的标题单元格通常为粗体居中。

（8）背景、背景颜色：设置单元格背景和背景颜色。

（9）边框：设置单元格边框颜色。

设置行、列、多个单元格的属性类似，在此不再赘述。

3.4.7 表格实例

（1）新建文件夹，拷入素材图片。

（2）新建文件，设置标题：南湖景园欢迎你！

（3）在属性面板设置页面属性：左边距为 0，上边距为 60，右边距为 0。

（4）插入 6 行 1 列的表格，设置宽度 100%，边框、单元格边距、单元格间距均为 0。

（5）第一行：插入图片 logo。

第二行：单元格高为 30；背景：e8e8e8；插入 1 行 6 列的表格，左对齐，分别输入导航文字。

第三行：单元格高为 6；背景：b1b1b1。

第四行：拆分 4 列，1、3 列插入图片；2 列和 4 列分别设置背景色（自定义）。

第五行：插入素材图片底标；背景色：393C4A。

第六行：单元格高为 100；背景：e8e8e8。

（6）保存文件，效果如图 3-24 所示。

图 3-24 表格实例效果图

本章小结

本章分别介绍了网页中的文本、图像、动画、视频和音频等元素的插入方法及各元素属性的设置，并介绍网页布局的主要方法——表格的操作。通过本章的学习，使读者可以掌握使用表格来布局网页，并能在网页中插入各种网页元素，达到制作一个简单静态网页的目的。

习题 3

1．设置网页中文字的字体、颜色时要注意什么问题？

2．如何修改水平线的颜色？

3．如何插入鼠标经过图像？

4．如何设置 Flash 动画透明背景？

5．如何插入音频和视频？常用属性是什么？

6．画一个表格，在表格中输入内容，进行如下标注：表格、单元格、单元格边距、单元格间距、表格边框。

7．什么情况下不显示表格边框？如何设置？

8．如何绘制细线表格？

9．用表格的布局方法布局一个自己的个人站点的首页，并在首页中加入文字、图片、多媒体等网页元素。

第 4 章 超链接及表单

网络的灵魂是超级链接，没有超级链接，就没有万维网。超级链接能把 Internet 上众多的网站和网页联系起来，为畅游网络提供了方便，真正实现了网络无国界，是网页制作中使用得比较多的一种技术。

表单是用户和服务器交互的一个重要方式，利用表单，服务器可以收集用户信息，比如可以采集访问者的名字和 E-mail 地址、调查表、留言薄、搜索界面等。

4.1 超级链接

所谓的超链接是指从一个网页指向一个目标的连接关系，这个目标可以是另一个网页，也可以是相同网页上的不同位置，还可以是一个图片，一个电子邮件地址，一个文件，甚至是一个应用程序，而在这一个网页中用来超链接的对象，可以是一段文本或者是一个图片。当浏览者单击已经链接的文字或图片后，链接目标将显示在浏览器上，并且根据目标地来打开或运行。

默认状态下，超链接一般带有下划线，并内嵌了 Internet 地址，即 URL（Uniform Resource Locator），意思是统一资源定位符，简单地讲就是网络上的一个站点，网页的完整路径。

网页上的超链接一般分为两种，一种是绝对 URL 的超链接，从一个网站的网页链接到另一个网站的网页必须使用绝对路径，包括所使用的传输协议，如 http://www.baidu.com。第二种是相对路径的超链接，如将自己网页上的某一段文字或某标题链接到同一网站的其他网页上面去，本书中的素材网页基本都是这类链接；最后，还可以利用锚记导航，在同一网页中创建超链接。

超链接按目标端点的链接划分，可分为外部链接和内部链接。内部链接是指链接的目标端点是本地站点中的文件，而外部链接则指链接的目标端点是本站点之外的 URL。

4.1.1 文本及图像超链接

（1）选择希望建立超链接的文本，图像或对象。双击打开在站点文件夹下的 index.html 文件，选中导航栏中的"二七广场"。

（2）如图 4-1 所示，在属性面板中单击"链接"文本框右侧的"浏览文件"图标，打开"选择文件"对话框，选择 erqi.html 文件，单击"确定"按钮。（这种属于内部超链接。）

图 4-1 属性面板中的超链接

可拖动"指向文件"图标指向"文件面板"中要链接的文件，也可直接在"链接"文本框中输入要链接的文件的路径和文件名，建议不要使用这种方式以避免链接出错。

（3）选择被链接的文件显示的目标窗口，如图 4-2 所示。

图 4-2   设置目标属性

1）_blank：将被链接的文件显示在一个新的未命名的框架或浏览器窗口内，即在新窗口中打开。

2）_parent：将被链接的文件显示在父框架或包含该链接的框架窗口中，即在上一级窗口中打开。

3）_self：将被连接文档显示在和链接同一框架的浏览窗口内，即在同一窗口中打开，该项为默认。

4）_top：将被链接文件载入到相同框架或窗口中，即在浏览器的整个窗口中打开。

（4）滚动到网页底部，点击查看"友情链接"栏目中的文字"百度"连接到到 http://www.baidu.com 中。（这种属于外部超链接。）

4.1.2   锚记链接

锚记链接又叫锚点链接。当一全页面的内容较多且内容较长时，为了方便用户浏览网页，可以使用锚点链接快速跳转到想要看的位置。锚点链接指在同一页面的不同位置的链接。

（1）双击打开站点文件夹，将 erqi.html 文件拖动滚动条到页面的末尾。光标在页面顶部定位。

（2）单击"常用"工具栏中的"命令锚记"按钮或者选择"插入"→"命名锚记"命令，打开"命名锚记"对话框，如图 4-3 所示，输入"db"这个锚点以供链接引用。

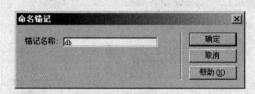

图 4-3   "命名锚记"对话框

（3）拖动滚动条到页面的最下端，选择"返回顶部"，在属性面板的"链接"文本框中输入"#db"，按 F12 键预览页面，点击页面最底部的"返回顶部"直接跳转到刚才设锚记的地方。

用同样方法，读者可以在页面中设置多个锚点和链接，实现在页面的跳转。

4.1.3   其他超链接

1．e-mail 链接

为了方便网站维护人员获取用户的反馈意见，Dreamweaver 提供了电子邮件链接，当浏览者单击电子邮件时，系统会自动启用浏览器默认的电子邮件处理程序，其中的收件人地址会自动更新为链接地址。

在上述被打开网页底部，选择"用户反馈"，单击"插入记录"→"电子邮箱链接"命令，打开"电子邮件链接"对话框，如图4-4所示。在其"文本"框中输入或编辑作为电子邮件链接显示在文件中的文本，可以是中文，在"E-Mail"文本框中输入送达的e-mail地址，单击"确定"按钮完成设置。

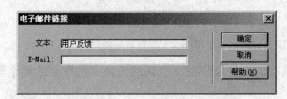

图4-4　"电子邮件链接"对话框

2. 文件下载链接

文件下载链接与普通链接的使用方法一样。当被链接的文件不被浏览器支持时，被浏览器直接下载，用户可以选择是不是保存到本地计算机中。

（1）在index.html网页底部，选择"常用工具下载"栏目中的"Photoshop"。

（2）在"属性"面板中单击"链接"文本框右侧的"浏览文件"图标，打开"选择文件"对话框，选择站点文件夹下的"...\file\PS.rar"文件，单击"确定"按钮，链接后如图4-5所示，按F12键预览，单击"Photoshop"，打开"文件下载"对话框，如图4-6所示。注意：应提前将要下载的文件压缩打包。

图4-5　创建文件下载链接

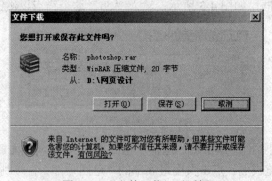

图4-6　"文件下载"对话框

3. 空链接

空链接就是没有目标端点的链接，它具有链接的属性，但不会链接转到任何位置。因为JAVASERIPT在执行ONMOUSEROVER以及其他事件时需要链接，但并不是链接到文本、图像或其他对象上，这时就需要创建空链接来实现，即不指向任何地方的链接。

（1）在文档窗口中选择要链接的对象。

（2）在属性面板中的"链接"文本框中输入"#"。读者可以练习把导航栏中除"首页"外的其他栏目设置为空链接。

4.2 表单应用

4.2.1 表单及表单对象简介

表单（Form）技术可以实现浏览者同 Internet 服务器之间信息的交互传送，它是网络信息收集处理的一种重要的方式。通过表单可以从网络的用户端收集信息，然后将收集来的信息经过服务器处理后再反馈给用户。无论是电子商务、网上调查，还是留言板、聊天室，都要求网页能够接收浏览者输入的信息，而表单就是网站获取用户信息最重要的手段之一。

表单域中可以插入任何 HTML 对象，如文本、表格和图像。表单对象特指表单域中专门处理用户输入数据的元素，包括文本域、隐藏域、按钮、图像域、文件域、单选按钮及单选按钮组、复选框、列表、菜单、跳转菜单、标签和字段集以及 Spry 验证系列。

注意：插入表单对象的菜单操作方式为选择"插入"→"表单"菜单中的各项，下面操作方法只讲述从工具栏中选择的方法。

4.2.2 插入表单域

如图 4-7 所示，申请 QQ 帐号的界面就是一个表单网页。表单中有文本框、单选按钮、下拉列表、按钮，这些元素被称为"表单对象"，将这些能完成一定功能的表单对象的集合称为"表单域"。

图 4-7 申请 QQ 表单网页

在网页中插入表单域并设置其属性的方法如下。

（1）单击"插入"→"表单"→"表单"或者在"表单"工具栏中单击按钮。此时在编辑窗口中显示红色虚线框，该区域即为插入的表单域，也称"表单"。图 4-8 为插入表单后的设计视图。表单域在浏览器中不可见，即看不到红色虚线。

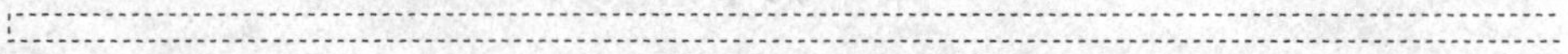

图 4-8   插入表单域后的设计视图

注意：必须把所有表单对象都放入一个表单域中，才能成功提交所有表单对象中的数据，即要先插入表单域再在表单域中插入表单对象。

（2）在表单域的属性面板中设置属性，如图 4-9 所示。

图 4-9   表单属性面板

1）表单名称：该文本框用来设置表单名称，对应代码 name 属性。

2）动作：在文本框中输入处理该表单的动态页或用来处理表单数据的程序路径，也可右击右侧的文件夹图标来选择，对应代码的 action 属性。

3）目标：设置将表单被处理后，反馈网页打开的方式。该下拉列表框共包括"blank""-parent""-self""-top"四项。

4）方法：设置将表单发送到服务器的方法，包括"默认""POST""GET"三个选项，对应代码的 method 属性。

- 默认：使用默认的方法发送，大多数浏览器采用 GET 方法。
- GET：将表单数据以附加到 URL 的形式传递给服务器。对传递的数据有数量和格式方面的限制，而且用 GET 方式发送数据不安全，近年很少被采用。
- POST：将表单数据以标准输入（鼠标、键盘）的形式传递给服务器，对传递的数据不加限制。

5）MIME 类型：该下拉列表框设置发送数据的 MIME 编辑类型，包括"application-x-www-from-urlencoded"和"multipart/form-data"两个选项。"application-x-www-from-urlencoded"通常与"POST"方法协同使用，一般情况下选择该项，默认也为该项。但如果表单中包含文件上传域，则选择"multipart/form-data"选项。

4.2.3 插入表单对象

1. 插入文本域 ▭

文本域是表单用来收集由用户输入文本信息的表单对象。

（1）将光标定位在表单域内要插入文本框的位置，单击"表单"工具栏中的"文本字段"按钮（用鼠标在"表单"工具栏按钮上停留，就会显示该按钮的表单对象名称），弹出"输入标签辅助功能属性"对话框,在"标签文字"中输入"昵称:"如图 4-10 所示,单击"确定"
按钮,设置效果如图 4-11 所示。

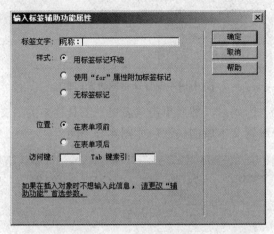

图 4-10 "输入标签辅助功能属性"对话框

图 4-11 插入文本域效果图

(2)在属性面板中设置文本域的属性,如图 4-12 所示。

图 4-12 单行文本域属性面板

(3)换行输入文字"个人宣言:",然后单击"表单"工具栏中的"文本字段"按钮,弹
出"输入标签辅助功能属性"对话框,默认设置,如图 4-13 所示。单击"确定"按钮。

图 4-13 "输入标签辅助功能属性"对话框

（4）在属性面板中设置文本域的属性，如图 4-14 所示。

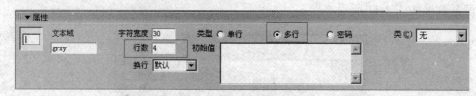

图 4-14　多行文本域属性面板

（5）换行输入文字"密码:"，然后单击"表单"工具栏中的"文本字段"按钮。
（6）在属性面板中设置文本域的属性，如图 4-15 所示。

图 4-15　密码文本域的属性面板

（7）用同样方法输入"确认密码:"。
（8）按 F12 键，预览网页，如图 4-16 所示，输入的密码以点状显示。

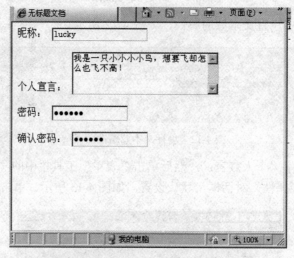

图 4-16　输入文本框页面预览窗口

2. 插入复选框☑

复选框是让用户可以选择的控件，可以从复选框组中选择多项。复选框的响应都可以进行"关闭"和"打开"状态切换。

（1）右击站点文件夹，新建网页文件，单击"表单"工具栏中的"表单"按钮，插入表单域。

（2）光标在表单域内定位，单击"表单"工具栏中的"复选框"按钮，在弹出的"输入标签辅助功能属性"对话框中的"标签文字"文本框中输入"文字"，单击"确定"按钮。

（3）选定复选框，在属性面板中进行设置，如图 4-17 所示。

（4）用同样的方法添加"运动"复选框。

图 4-17　复选框属性面板

1）复选框名称：设置所选复选框的名称，通常表单中会有多个复选框，每个复选框都必须有一个唯一的名称。

2）选定值：设置复选框被选择时的取值。当用户提交表单时，该值被传送给服务器。

3）初始状态：设置复选框的初始状态。"已勾选"表示初始状态被选中，此时复选框自动打上对勾；"未选中"表示初始状态未被选中。

3. 插入单选按钮

单选按钮在一组中只能选择一个选项。选中一组中某个单选按钮，则原来选中该组中的其他单选按钮会被取消选择。

（1）右击站点文件夹，新建网页文件。单击"表单"工具栏中的"表单"按钮，插入表单域。

（2）光标在表单域内定位，单击"表单"工具栏中的"单选按钮"。两个单选按钮的标签分别设置为"男"和"女"，如图 4-18 所示。

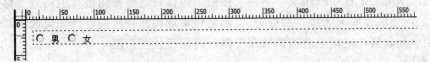

图 4-18　插入单选按钮

（3）单击并选中"男"或"女"单选按钮，属性面板设置如图 4-19 所示。

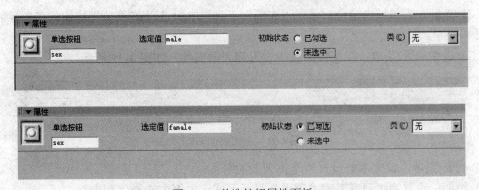

图 4-19　单选按钮属性面板

1）单选按钮：设置单选按钮的名称，同一个单选按钮组中的按钮，名称为相同的。

2）选定值：设置选中单选按钮后控件的值，此值可以被递交到服务器。

3）初始状态：设置在浏览器中被载入表单时，该单选按钮是否被选中。

4. 插入单选按钮组

单选按钮组相当于多个名称相同的单选按钮，除了插入方法不同，两者之间没有任何区别。

（1）右击站点文件夹，新建网页文件。单击"表单"工具栏中的"表单"按钮，插入表单域。

（2）光标在表单域内定位，单击"表单"工具栏中的"单选按钮组"按钮，打开"单选按钮组"对话框，设置如图 4-20 所示。

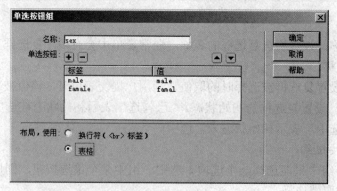

图 4-20　"单选按钮组"对话框

1）名称：设置该单选按钮组的名称。

2）单选按钮：可以单击"添加"按钮，为新增加的按钮输入"标签"和"值"，标签为按钮的说明文字，值相当于属性面板中的"选定值"；单击"移除"按钮就可以从组中删除一个单选按钮，单击"上移"按钮或"下移"按钮，可以对这些按钮进行上移或下移操作。

3）布局，使用：如果选择"换行符"，则会将单选按钮直接换行，如果选择"表格"，则会创建一个单列表格，则将单选按钮放在左侧，将标签放在右侧。

5. 列表📋

（1）右击站点文件夹，新建网页文件，单击"表单"工具栏中的"表单"按钮，插入表单域。

（2）光标在表单域内定位。单击"表单"工具栏中的"列表/菜单"按钮，在光标的位置插入表单/菜单。

（3）选中列表/菜单，在属性面板中设置列表的属性，如图 4-21 所示。

图 4-21　列表属性面板

1）列表/菜单：该文本框设置所选择列表的名称。

2）类型：设置为"列表"或"菜单"显示形式。本例中选择"列表"。

3）高度：设置列表框中显示的行数。

4）选定范围：默认为单选。勾选"允许多选"复选框后，则可以按 Shift 键对列表选择多项。

5）列表值：单击该按钮，打开"列表值"对话框，设置如图 4-22 所示。

（4）设置完列表值后，效果如图 4-23 所示。按 F12 键，预览网页效果。

图 4-22 "列表值"对话框

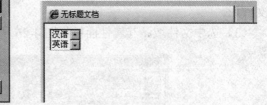

图 4-23 插入列表效果

6. 菜单

（1）右击站点文件夹，新建网页文件，单击"表单"工具栏中的"表单"按钮，插入表单域。

（2）光标在表单域内定位，单击"表单"工具栏中的"列表/菜单"按钮，在光标的位置插入列表/菜单。

（3）选中列表/菜单，在属性面板中设置菜单的属性，如图 4-24 所示。

图 4-24 菜单属性面板

当选择"菜单"类型时，可以看到属性面板中的"高度"与"选定范围"变成灰色显示，这是因为菜单的高度为 1，只可以选择一项。

（4）单击"列表值"按钮，打开"列表值"对话框，和上例列表的设置一样，如图 4-22 所示。

（5）设置完列表值后，效果如图 4-25 所示。按 F12 键，预览网页效果。

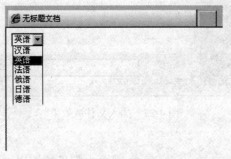

图 4-25 插入菜单后效果

7. 插入文件域

文件域主要用于从磁盘上传文件的路径名称，在服务器上传文件时使用，如上传邮件、照片、程序等。

（1）右击站点文件夹，新建网页文件，单击"表单"工具栏中的"表单"按钮，插入表单域。

（2）光标在表单域内定位，单击"表单"工具栏中的"文件域"按钮，在光标的位置插入文件域。

（3）选中文件域，其属性面板如图 4-26 所示。

图 4-26　文件域属性面板

1）文件域名称：设置文件域控件的名称。

2）字符宽度：设置在文件域的文本框中所允许显示的字符个数。

3）最多字符数：设置在文件域的文本框中所允许输入的最大字符个数。

4）按 F12 键，预览网页效果。如图 4-27 所示，单击"浏览"按钮，可以在打开的"选择文件"对话框中选择上传的照片。

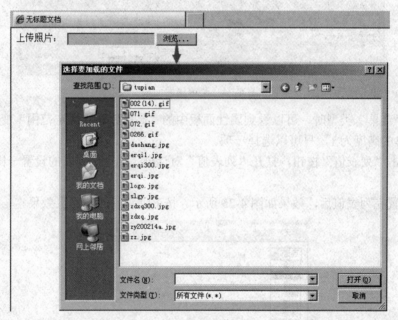

图 4-27　插入文件域效果

8．插入按钮□

按钮常用作命令执行。在 Dreamweaver 网页中常见的按钮为"提交"和"重置"按钮。一般网页上的表单数据都是通过按钮提交给服务器的。

（1）右击站点文件夹，新建网页文件，单击"表单"工具栏中的"表单"按钮，插入表单域。

（2）光标在表单域内定位，单击"表单"工具栏中的"按钮"，在光标的位置插入按钮。

（3）选中按钮，其属性面板如图 4-28 所示。

图 4-28 按钮属性面板

1）按钮名称：给按钮命名。

2）值：设置按钮在网页窗口中显示的文本。

3）动作：设置按钮的类型。

4）提交表单：单击该按钮，可以将表单中所有的表单控件重点内容发往服务器。

5）重设表单：单击该按钮，可以将表单域中所有表单控件的内容重设。

6）无：可以将按钮同脚本程序相关联，单击该按钮时可以执行相应的脚本程序。

9. 插入图像域

图像域实质上就是一个按钮，使用图像域可以达到美化网页的目的。

（1）右击站点文件夹，新建网页文件，单击"表单"工具栏中的"表单"按钮，插入表单域。

（2）光标在表单域内定位，单击"表单"工具栏中的"图像域"按钮，打开"选择图像源文件"对话框，选择图像源文件。单击"确定"按钮。在光标的位置插入图像域。

（3）选中图像域，其属性面板如图 4-29 所示。

图 4-29 图像域属性面板

1）图像区域：设置图像按钮的名称。

2）源文件：设置显示该按钮使用图像的地址。

3）替换：设置图像域的替代文件。

4）对齐：设置图像域的对齐方式，包括 6 种对齐方式。

10. 插入/隐藏域

隐藏域主要用于存储并提交浏览者输入的信息，它不会在浏览器中显示。只有在配置了动态网站后，才可以按 F12 键预览网页，那么可以看到这两个隐藏域是不可见的。在本章中无法看到预览效果，所以读者按 F12 键时，会发现无法打开网页预见窗口。

（1）右击站点文件夹，新建网页文件，单击"表单"工具栏中的"表单"按钮，插入表单域。

（2）光标在表单域内定位，单击"表单"工具栏中的"隐藏域"按钮，在光标的位置插入隐藏域。

（3）选中隐藏域，其属性面板如图 4-30 所示。

1）隐藏区域：该文本框用于设置隐藏域的名称。

2）值：该文本框用于设置隐藏域的值，该值将在提交表单时传递给服务器。

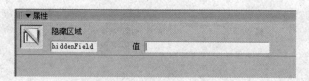

图 4-30　隐藏域属性面板

11.　插入跳转菜单

跳转菜单是一个下拉菜单，其中每个选项具有超链接的性质，但是它比超链接要节省很多空间。

（1）右击站点文件夹，新建网页文件，单击"表单"工具栏中的"表单"按钮，插入表单域。

（2）光标在表单域内定位，单击"表单"工具栏中的"跳转菜单"按钮，打开"插入跳转菜单"对话框，如图 4-31 所示。

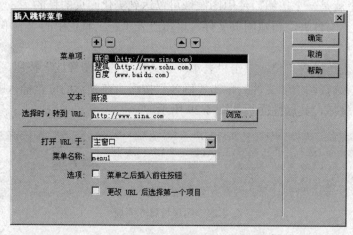

图 4-31　"插入跳转菜单"对话框

1）菜单项：列出跳转菜单的所有菜单项。单击"添加"按钮，可以增加一个菜单项，单击"移除"按钮，可以从列表框中删除被选中的菜单项；单击"上移"按钮或"下移"按钮，可以对这些菜单项进行上移或下移操作。

2）文本：设置当前菜单项显示的文本。

3）选择时，转到 URL：设置当前菜单项所对应的超链接地址。

4）打开 URL 于：设置超链接的打开方式。

5）菜单名称：设置跳转菜单的名称。

6）选项：包括以下 2 个复选框。

● 菜单之后插入前往按钮：选择此项则在插入的跳转菜单后同时添加一个"前往"按钮。

● 更改 URL 后选择第一个项目：决定在菜单中选择的菜单项发生改变后，是否自动选定第一个菜单项。

（3）按 F12 键预览网页，效果如图 4-32 所示。单击菜单项，可以通过超链接到达所指定的网页。

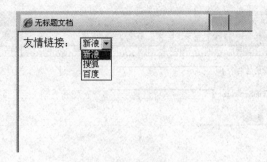

图 4-32 插入跳转菜单效果

4.2.4 和提交表单相关的服务器端脚本处理知识

表单有两个重要的组成部分。一是由 Dreamweaver 生成的表单的 HTML 页面，二是用于处理表单域中输入的信息的服务器端应用程序或客户端脚本。

浏览者在网页上看到有关表单的页面，只是供浏览者输入信息的表单页面。当浏览者按要求在表单中填写有关信息，单击表单的提交（Submit）按钮之后，表单内容就会上传到服务器，并且由事先编好的服务器端程序来处理这些信息，最后服务器再将处理结果发送给浏览者的浏览器。由此可见，表单的应用必须依赖于服务器端脚本才能真正发挥其功能。

网页通常是使用表单来实现用户数据提交的，Form 集合和 QueryString 集合可以用来获取用户提交的表单数据。使用表单提交数据的提交方式有 Get 和 Post 两种。若用 Get 方式提交表单数据，用户要提交的数据信息将附加在 URL 的后面，作为查询字符串返回服务器端，此时要用 QueryString 数据集合来获取提交的数据信息；或用 Post 方式提交表单数据，表单数据将以放在 HTTP 标头的方式返回服务器端，此时要用 Form 集合获取提交的数据信息。

1. Form 集合

用 Form 集合获取用户以 Post 方式提交的表单数据，语法如下：

Request.Form("表单元素名称")

下面我们来看一个利用 Form 集合获取以 Post 方式提交的表单数据的例子。

（1）新建两个.asp 格式的文件，一是用来提供表单让浏览者输入数据或进行选择的网页 tja.asp，另一个是用来获取表单提交的数据的表单处理文件 tjb.asp。

（2）在 tja.asp 中插入表单域 form1，属性如图 4-33 所示，方法设置为 Post；动作设置为网页 tjb.asp（即 tja.asp 中的表单提交后由 tjb.asp 处理）。

图 4-33 表单属性

（3）在 tja.asp 中插入两个文本字段，一个按钮，并分别设置两个文本字段的名称分别为 Name 和 Mail，效果如图 4-34 所示。

图 4-34　加入表单对象

（4）打开 tjb.asp 的代码视图，加入处理数据的代码，如下所示：

```
<html>
<body>
<center>
<b><%=request.Form("Name")%></b>欢迎您
<p>您的 E-mail 是：<%=request.form("Mail")%>
</center>
</body>
</html>
```

（5）保存，预览效果如图 4-35 所示。

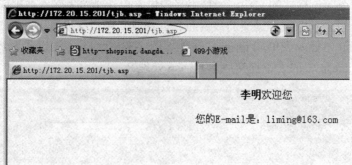

图 4-35　用 Form 集合获取以 Post 方式提交的表单数据运行效果

2．QueryString 集合

用 QueryString 集合获取以 Get 方式提交的表单数据，语法如下：

Request.QueryString("表单元素名称")

我们来看把上面的例子用 QueryString 集合获取 Get 方式提交的表单数据进行实现。

（1）打开前面例子中的两个文件 tja.asp 和 tjb.asp。

（2）修改 tja.asp 文件中的 form1 属性，方法改为 Get，其他设置不变。见图 4-36 所示。

图 4-36　表单属性面板

（3）打开 tjb.asp 文件的代码视图，把原来的代码删除，换成下面的代码：

```
<html>
<body>
<center>
<b><%=request.QueryString("Name")%></b>欢迎您
<p>您的 E-mail 是：<%=request.QueryString("Mail")%>
</center>
</body>
</html>
```

（4）保存，预览效果如图 4-37 所示。

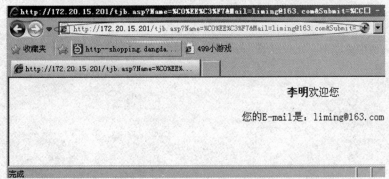

图 4-37　用 QueryString 集合获取以 Get 方式提交的表单数据运行效果

通过观察图 4-35 和图 4-37 中 tjb.asp 的运行效果可以看出，使用 QueryString 集合获取以

Get 方式提交的表单数据时，要注意以下两点：

- 如果附加在 URL 后的数据信息太长（超过 256 个字符），会导致后面的信息因为长度不够而丢失，所以不能传递较长的信息。
- 提交的信息会在浏览器的地址栏中显示，不利于内容的安全和保密。

本章小结

本章介绍创建各种超链接的方法，如站点内部链接、站点外部链接、锚记链接、电子邮件链接等。通过本章的学习，读者可以通过超链接将分散的网站或网页联系起来，构成一个有机的整体。另外本章还介绍了如何在页面中插入表单和表单对象，各表单对象的属性设置以及如何用服务器脚本进行简单的表单提交处理。

习题 4

1. 超链接的路径有哪几种？
2. 超链接的目标有几种？分别用在什么情况下？
3. 锚点链接和一般的超链接有什么不同？
4. 一个表单域中常用哪些对象？各有什么用途？
5. 文本域分为哪几类？各在什么情况下使用？
6. 如何创建一组单选按钮并设置单选按钮？举例说明。
7. 内部链接和外部链接的区别是什么？
8. 用表单域和表单控件制作一个会员注册的网页，并使用超链接把该网页链接到首页上。

第 5 章　　DIV 简介

在网页设计中，Div 标签和 AP Div 也是重要的构成元素，它们和表格一样，主要应用在网页的布局设计中。按以前的布局方式，要想在网页中的任意位置添加图像、文本和表格，必须经过一些特殊的操作才能完成，但是如果利用本章所介绍的 Div 标签和 AP Div，就方便多了，只需通过拖动、使用键盘上的方向键或指定坐标位置的方式，就可以轻松地插入图像。同时，在页面中适当应用 AP Div，可以对文字和图像进行精确定位，使页面保持一定的版式，风格也会变得更加丰富多彩。

5.1　DIV 基本语法及用法

5.1.1　关于 DIV 标签

Div 的全称是 division（区分），在 HTML 语言中，Div 标签被称为区隔标记，用来在页面中设置文字、图像和表格等的摆放位置。

Div 标签的使用方法和其他很多标签一样，需要成对出现，例如：<div>Div 标签</div>。

如果单独使用 Div 标签而不为其设置 CSS 规则，那么它在网页中的效果和<p></p>标签是一样的，因此，我们通常需要为 Div 标签设置 id 属性，以便通过 CSS 规则和 JavaScript 语句来控制它，例如：<div id="sidebar">Div 标签</div>。

5.1.2　插入 DIV 标签

在 Dreamweaver CS5 中有两种插入 Div 标签的方法。
- 执行"插入"→"布局对象"→"Div 标签"菜单命令。
- 在"插入"面板的"布局"选项卡中单击"插入 Div 标签"命令，如图 5-1 所示。

图 5-1　单击"插入 Div 标签"命令

执行以上任何一种操作后，都会打开"插入 Div 标签"对话框，如图 5-2 所示。

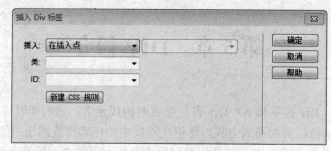

图 5-2 "插入 Div 标签"对话框

该对话框中各项参数的含义如下：

- 插入：用于设置 Div 标签的位置。
- 类：显示了当前应用于标签的类样式。如果附加了样式表，则该样式表中定义的类样式将出现在下拉列表中。
- ID：更改用于标识 Div 标签的名称。如果附加了样式表，则该样式表中定义的 ID 将出现在下拉列表中。
- 新建 CSS 规则：单击该按钮，可以打开"新建 CSS 规则"对话框。

Div 标签以一个框的形式出现在文档中，并带有占位符文本。将指针移到该框的边缘上时，Dreamweaver 会将该框显示为红色。如果边框没有显示，可执行"查看"→"可视化助理"→"CSS 布局外框"菜单命令。

5.1.3 编辑 DIV 标签

单击 Div 标签的边框，可以在其属性检查器中编辑 Div 标签的"ID"和"类"等属性，如图 5-3 所示。

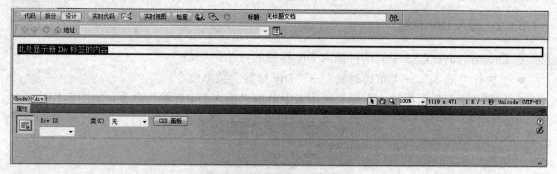

图 5-3 Div 标签的属性检查器

用户也可以向 Div 标签中添加内容，将插入点放在 Div 标签中，然后就像往页面中添加内容一样添加内容即可。

5.1.4 关于 AP Div

使用了 CSS 样式表中的绝对定位属性的<div>标签就叫做 AP Div。Dreamweaver CS5.5 中的"AP Div"就是 Dreamweaver 旧版本中的"层"。AP Div 可以理解为浮动在网页上的一个页面，可以放置在页面中的任何位置，可以随意移动这些位置，而且它们的位置可以相互重叠，也可以任意控制 AP Div 的前后位置、显示与隐藏，因此大大加强了网页设计的灵活性。

在网页设计中，将网页元素放到 AP Div 中，然后在页面中精确定位 AP Div 的位置，可以实现网页内容的精确定位，使网页内容在页面上排列得整齐、美观、井井有条。

5.1.5　插入 AP Div

插入 AP Div 时，Dreamweaver 默认情况下将在设计视图中显示 AP Div 的外框，并且，当指针移到块上面时还会高亮显示该块。

在 Dreamweaver CS5.5 中插入 AP Div 的方法有两种。

- 执行"插入"→"布局对象"→"AP Div"菜单命令。
- 在"插入"面板的"布局"选项卡中单击"绘制 AP Div"命令。

在页面中插入一个 AP Div 后，在 AP Div 边框的左上角会显示它的标志图标，如图 5-4 所示。

创建 AP Div 后，只需将插入点放置于该 AP Div 中，然后就可以像在页面中添加内容一样，将内容添加到 AP Div 中。

在绘制 AP Div 时，按住 Ctrl 键不放，可以绘制出多个 AP Div。插入多个 AP Div 后，为了不使各个 AP Div 之间出现重叠，可以在"AP 元素"面板中选中"防止重叠"复选框，如图 5-5 所示，但是它并不能改变选中该选项之前已经重叠的 AP Div，只是对设置后插入的 AP Div 起作用。

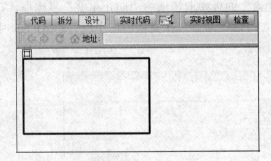

图 5-4　插入一个 AP Div

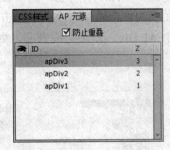

图 5-5　"AP 元素"面板

5.1.6　嵌套 AP Div

嵌套 AP Div 是指 AP Div 本身被包含在另一个 AP Div 中。嵌套通常用于要将 AP Div 组合在一起的情况。嵌套 AP Div 随其父级 AP Div 一起移动，并且可以设置为继承父级的可见性。

创建嵌套 AP Div 的方法有以下 2 种。

1. 直接插入

在"AP 元素"面板中取消选中"防止重叠"复选框，在文档窗口中将插入点放置在一个现有的 AP Div 的内部，然后执行"插入"→"布局对象"→"AP Div"菜单命令即可，效果如图 5-6 所示。

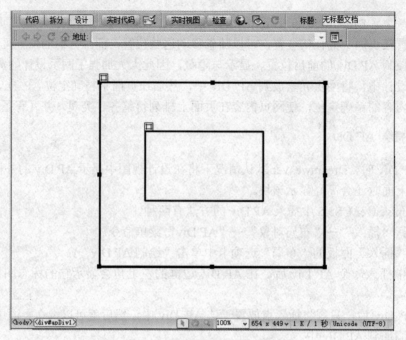

图 5-6　直接插入嵌套 AP Div

2．直接绘制

在绘制嵌套 AP Div 之前，首先执行"编辑"→"首选参数"菜单命令，在打开的"首选参数"对话框的"分类"列表框中选择"AP 元素"选项，在右侧选中"在 AP div 中创建以后嵌套"复选框，如图 5-7 所示。然后在"AP 元素"面板中取消选中"防止重叠"复选框，在"插入"面板的"布局"选项卡中单击"绘制 AP Div"命令，在文档窗口中现有的 AP Div 中再绘制一个 AP Div，即可完成嵌套，如图 5-8 所示。

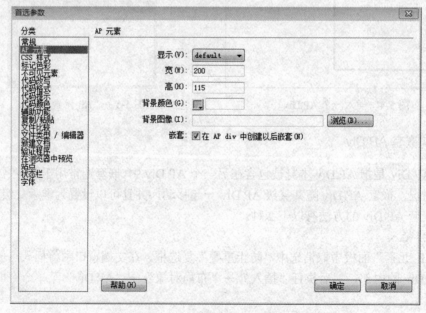

图 5-7　"首选参数"对话框

图 5-8   嵌套 AP Div

提示：如果 AP 元素首选参数中的嵌套功能被禁用了，可以通过按住 Alt 键并拖动鼠标，在现有 AP Div 内部嵌套一个 AP Div。

5.1.7   设置 AP Div 的属性

在 AP Div 的属性检查器中可以设置单个 AP Div 的属性，也可以设置多个 AP Div 的属性。

1. 设置单个 AP Div 的属性

当选择一个 AP Div 时，属性检查器将显示 AP Div 的属性，如图 5-9 所示。

图 5-9   单个 AP Div 的属性检查器

该属性检查器中各参数的含义如下：

- CSS-P 元素：为选定的 AP Div 指定一个 ID。
- 左、上：用于指定 AP Div 的左上角相对于页面（如果嵌套，则为父级 AP Div）左上角的位置。
- 宽、高：用于指定 AP Div 的宽度和高度。
- Z 轴：用于确定 AP Div 和 Z 轴或堆叠顺序。在浏览器中，编号较大的 AP Div 出现在编号较小的 AP Div 的前面。值可以为正，也可以为负。当要更改 AP Div 的堆叠顺序时，使用"AP 元素"面板要比输入特定的 Z 轴值更为简便。
- 背景图像：用于指定 AP Div 的背景图像，单击文件夹图标可浏览图像文件并进行选择。
- 类：用于设置 AP Div 的样式。
- 可见性：用于设置 AP Div 最初是否可见。default 为不指定可见性属性，当未指定可见性属性时，大多数浏览器都会默认为 inherit；inherit 为将使用 AP Div 父级的可见性属性；visible 为显示 AP Div 的内容，与父级的属性无关；hidden 为隐藏 AP Div 的内容，与父级的值无关。
- 背景颜色：用于指定 AP Div 的背景颜色。
- 溢出：用于控制当 AP Div 的内容超出 AP Div 的范围后的显示方式。visible 表示显示超出的部分；hidden 表示隐藏超出的部分；scroll 表示不管是否超出，都显示滚动条；

auto 表示仅在需要时（即当 AP Div 的内容超过其边界时）才显示 AP Div 的滚动条。

- 剪辑：定义 AP Div 的可见区域。指定左、上、右和下坐标，在 AP Div 的坐标空间中定义一个矩形，一般从 AP Div 的左上角开始计算。AP Div 经过剪辑后，只有指定的矩形区域才是可见的。

2. 设置多个 AP Div 的属性

按住 Shift 键选择要设置相同属性的多个 AP Div，属性检查器如图 5-10 所示。

图 5-10　多个 AP Div 的属性检查器

该属性检查器中各主要参数的含义如下：

- 左、上：用于指定 AP Div 的左上角相对于页面（如果嵌套，则为父级 AP Div）左上角的位置。
- 宽、高：用于指定 AP Div 的宽度和高度。
- 标签：用于定义 AP Div 的 HTML 标签，有 DIV 和 SPAN 两个选项。

5.1.8　编辑 AP Div

编辑 AP Div 包括移动 AP Div、调整 AP Div 的大小和对齐 AP Div，以及显示或隐藏 AP Div 等操作。

1. 选择单个 AP Div

选择单个 AP Div 的方法有以下 2 种：

- 将鼠标移动到 AP Div 的边框上，当显示红色线框时，单击鼠标左键即可，选中的 AP Div 以粗线边框显示，如图 5-11 所示。

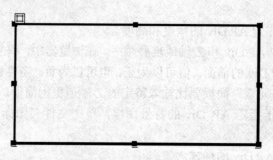

图 5-11　粗线边框显示选中的 AP Div

- 在"AP 元素"面板中直接单击要选择的 AP Div 的名称即可。

2. 选择多个 AP Div

选择多个 AP Div 的方法有以下 2 种：

- 按住 Shift 键，在要选择的 AP Div 中或 AP Div 边框上单击，如图 5-12 所示。
- 按住 Shift 键，在"AP 元素"面板中单击要选择的多个 AP Div 的名称即可，如图 5-13 所示。

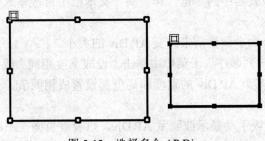

图 5-12　选择多个 AP Div　　　　　图 5-13　在面板中选择多个 AP Div

3. 移动 AP Div

要移动 AP Div 的位置，只需将鼠标移动到一个或多个 AP Div 边框上，当鼠标变为四向箭头时，按住鼠标左键拖动鼠标到合适的位置即可。

4. 对齐 AP Div

在网页制作中，还可以对 AP Div 进行对齐操作。在进行 AP Div 的对齐操作中，所有子级 AP Div 的位置都会随着父级 AP Div 相应地变动。

选择要对齐的 AP Div，执行"修改"→"排列顺序"菜单命令，在打开的子菜单中选择对齐方式，如图 5-14 所示。

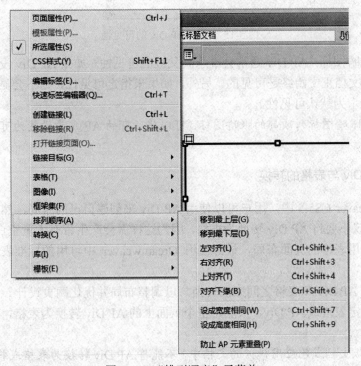

图 5-14　"排列顺序"子菜单

用户还可以通过在 AP Div 的属性检查器中设置"左"和"上"的值来确定左对齐和上部对齐。

5. 调整 AP Div 的大小

调整 AP Div 大小的方法有以下 3 种：

- 选中要调整的 AP Div 后，在属性检查器中的"宽"和"高"文本框中直接输入数值即可。
- 直接用鼠标拖动 AP Div 的任何一个大小调整柄来改变 AP Div 的大小。
- 选中多个 AP Div，在"修改"→"排列顺序"子菜单中单击"设成宽度相同"或"设成高度相同"命令，这样就可以将多个 AP Div 的宽度和高度都设置成相同值。

6. 显示或隐藏 AP Div

当处理文档时，可以使用"AP 元素"面板手动显示或隐藏 AP Div，以查看页面在不同条件下的显示。

在"AP 元素"面板的眼睛图标上单击可以更改 AP Div 的可见性，如图 5-15 所示，其中，apDiv2 是可见的，apDiv1 是不可见的。

图 5-15　更改 AP Div 的可见性

如果没有眼睛图标，AP Div 通常会继承其父级的可见性。如果 AP Div 没有嵌套，父级就是文档正文，而文档正文始终是可见的。另外，如果未指定可见性，则不会显示眼睛图标（在属性检查器中表示为默认可见性）。

提示：单击眼睛图标列顶部的眼睛图标，可以将所有的 AP 元素设置为可见或者隐藏，但不能设置为继承。

5.1.9　AP Div 与表格的转换

在 Dreamweaver CS5.5 中，用户可以使用 AP Div 来创建自己的布局，然后将它们转换为表格。不过，建议不要将 AP Div 转换为表格，因为这样做会产生带有大量空白单元格的表格。如果需要一个使用表格的页面布局，最好使用 Dreamweaver 中可用的标准表格布局工具来创建页面布局。

用户可以在 AP Div 和表格之间来回转换，以调整布局并优化网页设计。需要注意，有些转换页面上的特定表格或 AP Div，只能将整个页面上的 AP Div 转换为表格，或将表格转换为AP Div。

提示：在模板文档或已应用模板的文档中，不能将 AP Div 转换为表格或将表格转换为 AP Div。所以，应该在非模板文档中创建布局，然后在将该文档另存为模板之前进行转换。

1. 将 AP Div 转换为表格

在将 AP Div 转换为表格之前，应确保 AP Div 没有重叠。

打开一个需要将 AP Div 转换为表格的页面，如图 5-16 所示。执行"修改"→"转换"→"将 AP Div 转换为表格"菜单命令，弹出"将 AP Div 转换为表格"对话框，如图 5-17 所示。

图 5-16　打开的 AP Div 布局页面

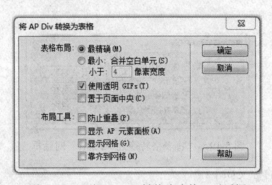

图 5-17　"将 AP Div 转换为表格"对话框

在该对话框中保持默认设置，单击"确定"按钮，完成转换操作，效果如图 5-18 所示。

图 5-18　将 AP Div 转换为表格

"将 AP Div 转换为表格"对话框中的"表格布局"栏中的各项参数含义如下：

- 最精确：为每个 AP Div 创建一个单元格及保留 AP Div 之间的空间所必需的任何附加单元格。
- 最小：合并空白单元：指定若 AP Div 位于指定的像素宽度内，则应对齐 AP Div 的边缘。如果选中此单选按钮，表格将包含较少的空行和空列，但不能与布局精确匹配。
- 使用透明 GIFs：使用透明的 GIF 填充表格的最后一行。这将确保该表在所有浏览器中以相同的列宽显示。当启用此选项后，不能通过拖动表列来编辑结果表。当禁用此选项后，结果表将不包含透明 GIF，但在不同的浏览器中就有可能会具有不同的列宽。
- 置于页面中央：将结果表放置在页面的中央，如果禁用此选项，表格将从页面的左边缘开始。

2. 将表格转换为 AP Div

打开一个需要将表格转换为 AP Div 的页面，执行"修改"→"转换"→"将表格转换为 AP Div"菜单命令，弹出"将表格转换为 AP Div"对话框，如图 5-19 所示，保持默认值，单击"确定"按钮即可。

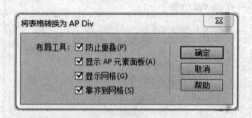

图 5-19   "将表格转换为 AP Div"对话框

该对话框中各参数的含义如下：

- 防止重叠：用于防止 AP Div 重叠。
- 显示 AP 元素面板：选中该复选框，表格转换为 AP Div 后会显示"AP 元素"面板。
- 显示网格：选中该复选框，表格转换为 AP Div 后会显示网格。
- 靠齐到网格：选中该复选框，表格转换为 AP Div 后会启动网格的吸附功能。

提示：空白单元格将不会转换为 AP Div，除非它们具有背景颜色。转换后有多少个 AP Div，就有多少个 Div 标签，但并不代表在原表格中有多少个单元格。

5.2   DIV 在不同浏览器中的兼容性

所有的网页制作者都希望自己做出的网页可以完美地兼容所有主流的浏览器，包括 IE6，IE7，IE8，Firefox，Opera，Safari，Chrome 等，但有时候这是不可能实现的。

所谓的浏览器兼容性问题，是指因为不同的浏览器对同一段代码有不同的解析，造成页面显示效果不统一的情况。在大多数情况下，用户用什么浏览器来查看同一网站，都应该是统一的显示效果。所以浏览器的兼容性问题是前端开发人员经常会碰到和必须要解决的问题。

5.2.1　为什么会出现兼容性问题

现代 Web 设计与开发已经不简单的是设计问题，浏览器兼容性问题也成了 Web 开发者不容忽视的一个问题，随着 IE 浏览器每个新版本的推出，都在 CSS 的标准化方面前进一大步，同时，也就不可避免地在 IE 的各个主要版本之间产生兼容问题，关于 CSS 对 IE 的兼容问题一直是 DIV+CSS 的一个大问题，因为不同浏览器识别代码产生的效果是不同的，所以造成了很多浏览器对相同的 CSS 产生不同的效果，这样就产生了网站的错位，导致了不同浏览器之间的不兼容。

关于浏览器兼容性的这种错位不仅表现在 IE 上，现在市场上的浏览器种类越来越多，比较常见的有 IE 系列的浏览器，从浏览器排行榜上面也看到其他浏览器（如 FF，Chrome 等）也占据很多的市场份额，这些也可以说都是用户比较常用的浏览器，但是正因为各种浏览器的出现，为了更好地兼容各个版本的浏览器，就需要学习如何来处理 IE 的兼容问题。从而网络上出现了很多所谓的 HACK，其实也就是针对各个浏览器的特点，来对各种浏览器的不同嗜好产生的不同效果，实现的一种兼容各个版本浏览器的效果。

所以，兼容性对于网页设计师来说非常重要。

5.2.2　浏览器兼容性问题

当网页在不同浏览器之间显示时，由于不同浏览器支持的 CSS 标准不同，可能会遇到以下问题：

（1）网页布局不整齐。

（2）文本或图像重叠。

（3）JavaScript 功能有问题或错误。

5.2.3　浏览器兼容性解决方案

以 IE 浏览器为例，由于从 IE 6.0 开始为了适应各个版本，就自身有了一个兼容性，所以我们可以指定给网页一个兼容特性。例如：

网页在 IE7 下无错位，但在 IE6 和 IE8 下有错位，那么就可以指定当用户使用 IE6 和 IE8 的时候直接指定给 IE6 和 IE8 采用 IE7 的兼容模式来实现网页的不错位。但是这样一来，网页的兼容特性只是实现了 IE6，IE7，IE8 的一个兼容，但是为了同时兼容 FF，这时就需要使用 HACK 来达到兼容 FF 的效果。

这样使用 IE 自身的特性和 HACK 之间的特性就达到了网页的兼容效果，这样实现兼容效果是最简单最方便的。这其实就是对一种 IE 浏览器和 FF 之间的 HACK 在起作用，相对地写了很少的代码，也很实用和方便。

根据上面的这个例子，我们不难看出，在各大主流浏览器之间，解决浏览器兼容性的方案有以下两种：IE 文件兼容方案和 CSS HACK 方案。

1. IE 文件兼容方案

IE 文件兼容方案是微软针对 IE 系列浏览器推出的终极解决方案，下面以 IE8 为例，对该解决方案进行详细介绍。

为了帮助确保你的网页在所有未来版本的 IE 浏览器中都有一致的外观，IE8 引入了 IE8

文件兼容性。在 IE6 中引入一个增设的兼容性模式，IE8 文件兼容性使你能够在 IE 呈现你的网页时选择特定编译模式。

2. CSS HACK 方案

CSS HACK 由于不同的浏览器（如 IE6，IE7，IE8，FF 等）对 CSS 的解析认识不一样，因此会导致生成的页面效果不一样，得不到我们所需要的页面效果。这时就需要针对不同的浏览器去写不同的 CSS，让它能够同时兼容不同的浏览器，能在不同的浏览器中也能得到我们想要的页面效果。

这个针对不同的浏览器写不同的 CSS Code 的过程，就叫 CSS HACK。

Css HACK 原理：由于不同的浏览器对 CSS 的支持及解析结果不一样，还由于 CSS 中的优先级的关系。我们就可以根据这个来针对不同的浏览器写不同的 CSS。

CSS HACK 大致有 3 种表现形式：CSS 类内部 HACK、选择器 HACK 以及 HTML 头部引用(if IE)HACK。

类内部 HACK：比如 IE6 能识别下划线 "_" 和星号 "*"，IE7 能识别星号 "*"，但不能识别下划线 "_"，而 Firefox 则两个都不能识别。

选择器 HACK：比如 IE6 能识别*html .class{}，IE7 能识别*+html .class{}或者*:first-child+ html .class{}。

HTML 头部引用(if IE)HACK：针对所有 IE：<!--[if IE]><!--您的代码--><![endif]-->，针对 IE6 及以下版本：<!--[if lt IE 7]><!--您的代码--><![endif]-->，这类 HACK 不仅对 CSS 生效，对写在判断语句里面的所有代码都会生效。

书写顺序一般是将识别能力强的浏览器的 CSS 写在前面。

比如要分辨 IE6 和 Firefox 两种浏览器，可以这样写：

```
<style>
div{
        background:green; /* for firefox */
        *background:red; /* for IE6 */ (both IE6 && IE7)
}
</style>
```

在 IE6 中看到是红色的，在 Firefox 中看到是绿色的。

DIV＋CSS 网页布局是一种趋势，不过在使用 DIV＋CSS 网站设计的时候，应该注意 CSS 样式兼容不同浏览器问题，特别是对完全使用 DIV+CSS 设计的网页，就应该更注意 IE6，IE7 和 FF 对 CSS 样式的兼容。

什么是浏览器兼容？当我们使用不同的浏览器（如 Firefox，IE7，IE6）访问同一个网站或者页面的时候，会出现一些不兼容的问题，在这种浏览器下显示正常，在另一种下就乱了，目前解决这个浏览器的问题,最直接的方法就是利用 CSS HACK 技术为每个浏览器各写一段 CSS，让它们各执行各的，这就是 CSS HACK 技术解决 CSS 在不同浏览器中的兼容性问题的核心。

本章小结

本章主要介绍了 Div 标签和 AP Div 的基础知识和基本操作，并通过实例和练习，让读者进一步了解了 Div 标签和 AP Div 的应用。

习题 5

一、填空题

1. 如果要选定多个 AP Div，只要按住_____键不放，在 AP 元素面板中逐个单击 AP Div 的名称即可。

2. 可以按住_____键，在 AP 元素面板中将某一个 AP Div 拖曳到另一个 AP Div 上面，形成嵌套 AP Div。

二、选择题

1. 以下选项中，可以放置到 AP Div 元素中的有（　　）。
   A．文本　　　　　　B．图像　　　　　　C．插件　　　　　　D．AP Div 元素

2. 关于 AP Div 和表格的关系，以下说法正确的是（　　）。
   A．表格和 AP Div 可以互相转换
   B．表格可以转换成 AP Div
   C．只有不与其他 AP Div 交叠的层才可以转换成表格
   D．表格和 AP Div 不能互相转换

3. 在 Dreamweaver 中，下面关于 AP Div 元素的关系的说法错误的是（　　）。
   A．如果两个 AP Div 元素有交叉，则两 AP Div 元素的关系可以是重叠或嵌套
   B．重叠就是这两个 AP Div 元素是独立的，任何一个 AP Div 元素改变时，不影响另外一个 AP Div 元素
   C．而嵌套时，子 AP Div 元素会随母 AP Div 元素的某些属性的变化（例如位置移动）而变化
   D．而嵌套时，母 AP Div 元素也会随子 AP Div 元素的变化（例如位置移动）而发生变化

4. 关于 div，以下描述正确的是（　　）。
   A．div 是类似于一行一列表格的虚线框
   B．div 由行列形成的单元格构成，可执行合并拆分等操作
   C．由 div 布局的网页结构和内容与表现形式不能分离
   D．div 不严格要求 css 支持

5. 一个 AP Div 被隐藏了，如果需要显示其子 Ap Div，需要将子 Ap Div 的可见性设置为（　　）。
   A．default　　　　　　B．inherit　　　　　　C．visible　　　　　　D．hidden

三、简答题

1. 标签<div>的作用是什么？
2. 简述 DIV 元素和 SPAN 元素的区别。

第 6 章　CSS 样式表

样式表的应用非常广泛，样式表即 CSS，是 Cascading Style Sheets（层叠样式表）的简称，通过定义样式表，可以对页面中的元素进行美化，是美化网页的重要手段之一。Dreamweaver CS5.5 支持强大的样式表定义，通过样式表的编辑功能，可以方便快捷地为网页定义各种各样的样式。

6.1　CSS 基础

对于初学网页设计的人来说，CSS 看起来有些陌生。本节介绍 CSS 的基本概念，使用 CSS 设计网页的优势，以及如何在 HTML 页面中引入 CSS。

6.1.1　CSS 简介

CSS 的全称是 Cascading Styles Sheets，中文称层叠样式表，简称样式表。用于控制网页样式并允许将样式与网页内容分离的一种标记性语言。CSS 是 1996 年由 W3C 审核通过，并推荐使用的。CSS 可将网页的内容与表现形式分开，使网页的外观设计从网页内容中独立开来。若要改变网页的外观，只需更改 CSS 样式。

CSS 可谓是网页设计的一个突破，它解决了网页界面排版的难题。CSS 作为当前网页设计中的热门技术，具有以下优势：

- 将格式和内容分离。
- 增强控制页面布局的能力。
- 精简网页，提高下载速度。
- 维护和更新网页更加容易。
- 代码兼容性好。
- 更有利于搜索引擎的搜索。

6.1.2　在 HTML 页面中引入 CSS 的方法

CSS 提供了四种在 HTML 页面中插入样式表的方法：链入外部样式表、内部样式表、导入外表样式表和内嵌样式。

1. 链入外部样式表

链入外部样式表是把样式表保存为一个样式表文件，然后在页面中用<link>标签链接到这个样式表文件，这个<link>标签必须放到页面的<head>区内，如下所示。

```
<head>
……
<link rel="stylesheet" type="text/css" href="mystyle.css">
……
```

```
</head>
```

上面这段代码表示浏览器从 mystyle.css 文件中以文档格式读出定义的样式表。rel="stylesheet"是指在页面中使用这个外部的样式表。type="text/css"是指文件的类型是样式表文本。href="mystyle.css"是文件所在的位置，一般使用相对路径来引用外部 CSS 文件。

一个外部样式表文件可以应用于多个页面。当改变这个样式表文件时，所有引用该样式表的 HTML 页面都将受到影响。在制作大量相同样式页面的网站时，使用链入外部样式表的方式控制多个页面非常有用，不仅减少了重复的工作量，而且有利于以后的修改、编辑，浏览这些网页时也减少了重复代码的下载。

样式表文件可以用任何文本编辑器（如记事本）打开并编辑，一般样式表文件的扩展名为".css"。样式表文件中不包含 HTML 标记，mystyle.css 这个文件的内容如下：

```
hr {color:red}
p {margin-left:20px}
body {background-image:url("images/bg_01.jpg")}
```

定义水平线的颜色为红色；段落左边的空白边距为 20 像素；页面的背景图片为 images 目录下的 bg_01.jpg 文件。

2．内部样式表

内部样式表是把样式表放到页面的<head>区里，这些定义的样式就应用到页面中了，样式表是用<style>标记插入的，如下所示。

```
<head>
……
<style type="text/css">
hr {color:red}
p {margin-left:20px}
body {background-image:url("images/bg_01.jpg")}
</style>
……
</head>
```

注意：有些低版本的浏览器不能识别 style 标记，把 style 标记里的内容以文本直接显示到页面上。为了避免这样的情况发生，使用加 HTML 注释的方式（<!-- 注释 -->）隐藏内容而不让它显示，如下所示。

```
<head>
……
<style type="text/css">
<!--
hr {color:red}
p {margin-left:20px}
body {background-image:url("images/bg_01.jpg")}
-->
</style>
……
</head>
```

3．导入外部样式表

导入外部样式表是指在内部样式表的<style>里使用@import 导入一个外部样式表，如下所示。

```
<head>
……
<style type="text/css">
<!--
@import "mystyle.css"
其他样式表的声明
-->
</style>
……
</head>
```

其中@import"mystyle.css"表示导入 mystyle.css 样式表，注意外部样式表的路径。方法和链入样式表的方法很相似，但导入外部样式表方式更有优势。实质上它相当于存在内部样式表中的。

注意：导入外部样式表必须在样式表的开始部分，在其他内部样式表上面。

4. 内嵌样式

内嵌样式是混合在 HTML 标记里使用的，这种方法可以很简单地对某个元素单独定义样式。内嵌样式是直接在 HTML 标记里加入 style 参数。而 style 参数的内容就是 CSS 的属性和值，如下所示。

```
<p style="color:red; margin-left:20px">
这是一个段落
</p>
```

这个段落颜色为红色，左边距为 20 像素。style 参数后面引号里的内容相当于样式表大括号里的内容。

注意：style 参数可以应用于任意 body 内的元素（包括 body），除了 BASEFONT、PARAM 和 SCRIPT。

6.2　CSS 选择器

样式表的定义由两个主要的部分构成：选择器，以及一条或多条声明。

Selector {declaration1; declaration2; …　eclaration }

选择器，英文称为 selector，是 CSS 中很重要的概念。所有 HTML 语言中的标记样式都是通过选择器来进行控制的。选择器通常是改变样式的 HTML 元素。每条声明由一个属性和一个值组成。属性（property）是希望设置的样式属性（style attribute）。每个属性有一个值。属性和值之间用冒号分开。如果要定义不止一个声明，则需要用分号将每个声明分开。

在 CSS 中，有几种不同类型的选择器，本节介绍几种"基本"选择器和"复合"选择器。

6.2.1　标记选择器：整体控制

标记选择器是最常见的 CSS 选择器。一个 HTML 页面由很多不同的标记组成，而标记选择器则是决定哪些标记采用相应的 CSS 样式。因此，每一种 HTML 标记的名称都可以作为相应的标记选择器的名称，如图 6-1 所示。

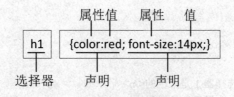

图 6-1　CSS 标记选择器

图 6-1 中的 CSS 代码声明了 HTML 页面中的所有的<h1>标记，文字的颜色为红色，字体大小为 14px。在后期维护中，如果想改变整个网站中 h1 标记文字的颜色，只需要修改 color 属性就可以了。

注意：CSS 语言对所有属性和值都有相对严格的要求，如果声明的属性在 CSS 规范中不存在，或者某个属性的值不符合该属性的要求，都不能使该语句生效。

6.2.2　类选择器：精确控制

在 6.2.1 小节中提到的标记选择器一旦声明，那么页面中所有的该标记都会相应地发生变化。例如 p{color: red; font-size:18px}，页面中所有的<p>标记都显示为红色，字体大小为 18px。如果希望某一个<p>标记为绿色，仅依靠标记选择器是不够的，还需要引入类（class）选择器。

定义类选择器时，在自定义类的名称前面加一个 "." 号，类选择器的名称可以是任意英文单词或者英文开头与数字的组合，一般根据其功能和效果命名。与标记选择器一样，属性和值必须要符合 CSS 规范，如图 6-2 所示。

类选择器就是使页面中的某些标签（可以是不同的标签）具有相同的样式。

图 6-2　类选择器

【例 6-1】class 选择器

```
class_selector.html
<html>
    <head>
        <title>class 选择器</title>
        <style type="text/css">
            .red
{
            color:red;          /* 红色 */
            font-size:18px;     /* 文字大小 */
            }
            .green
{
            color:green;        /* 绿色 */
            font-size:25px;     /* 文字大小 */
```

```
            }
        </style>
    </head>
    <body>
        <p class="red">选择器 1 是红色的</p>
        <p class="green">选择器 2 是绿色的</p>
        <h3 class="green">h3 是绿色的</h3>
    </body>
</html>
```

其显示效果如图 6-3 所示。从图中可以看到两个<p>标记呈现不同的颜色和字体大小，任何一个 class 选择器可以使用所有的 HTML 标记，只需要用 HTML 标记的 class 属性声明即可。仔细看会发现<h3>标记显示效果为粗体字，这是由于在 HTML 标记中<h3>默认显示效果为粗体字。

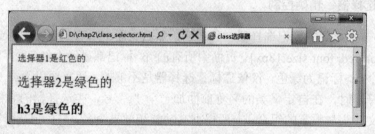

图 6-3　例 6-1 运行结果

如果页面中几乎所有的<p>标记都使用相同的样式，只有一两个特殊的<p>标记使用不同的样式，这时可以通过 class 选择器与标记选择器配合来实现。

【例 6-2】class 选择器与标记选择器

class_mark_selector.html

```
<html>
    <head>
        <title>class 选择器与标记选择器</title>
        <style type="text/css">
            p
            {                          /* 标记选择器 */
                color:red;
                font-size:18px;
                text-align:left;
            }
            .special
            {                          /* 类选择器 */
                color:blue;            /* 蓝色 */
                font-size:25px;        /* 文字大小 */
                text-align:center;     /* 居中显示 */
            }
            .one
            {                          /* 类选择器 */
                color:green;           /* 绿色 */
```

```
            }
        .two
                                        /* 类选择器 */
            {
                font-size:20px;          /* 文字大小 */
            }
        </style>
    </head>
    <body>
        <p>这个段落是向左对齐的</p>
        <p>这个段落是向左对齐的</p>
        <p class="special">这个段落是居中显示的</p>
        <p class="one two">同时使用两种 class，这个段落是字体大小 20px 的绿色字体</p>
        <p>这个段落是向左对齐的</p>
    </body>
</html>
```

首先通过标记选择器定义<p>标记的全局显示方案，然后通过一个 class 选择器对需要突出的<p>标记进行单独设置，这样大大提高了代码的编写效率。第 4 段使用了两种 class 选择器，在 HTML 标记中，可以对一个标记运用多个 class 选择器，将不同类别的样式风格同时运用到一个标记中，其显示效果如图 6-4 所示。

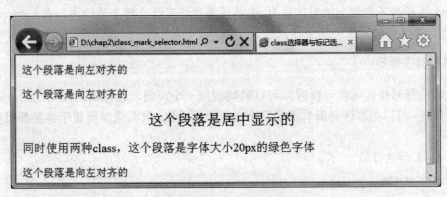

图 6-4　例 6-2 运行结果

6.2.3　id 选择器：控制特殊的网页元素

id 选择器可以为标有特定 id 的 HTML 元素指定特定的样式。定义 id 选择器时在 id 名称前加 "#"，id 选择器是用来对单一元素定义单独的样式。id 选择器的使用方法与 class 选择器基本相同，如图 6-5 所示。

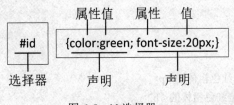

图 6-5　id 选择器

【例 6-3】id 选择器

id_selector.html

```
<html>
    <head>
        <title>id 选择器</title>
        <style type="text/css">
            #intro
            {
                font-weight:bold;
            }
        </style>
    </head>
    <body>
        <p id="intro">这个段落是粗体的</p>
    </body>
</html>
```

注意:

● id 属性只能在每个 HTML 文档中出现一次。

● id 选择器不能结合使用,因为 id 属性不允许有以空格分隔的词列表。如<p id="one two">这样的写法是完全错误的。

6.2.4　群选择器

当几个选择器样式属性一样时,可以共同调用一个声明,选择器之间用逗号分隔,这样可以精简代码。可以把群选择器看成是几个选择器的并集。只要选择器属于并集都可以运用该样式。

【例 6-4】群选择器

group_selector.html

```
<html>
    <head>
        <title>群选择器</title>
        <style type="text/css">
            p,h2,h5
            {
                font-weight: bold;
                color: red;
            }
        </style>
    </head>
    <body>
        <p >这个段落是红色粗体的</p>
        <h2 >这个标题是红色粗体的</h2>
        <h5 >这个标题是红色粗体的</h5>
```

```
    </body>
</html>
```

该例将 p 标记，h2 标记，h5 标记内的文字都定义为红色粗体字。

6.2.5 交集选择器

交集选择器是由两个选择器直接连接构成的。其结果是选中两者各自元素范围的交集。其中，第一个选择器必须是标记选择器，第二个必须是类选择器或 id 选择器，而且必须连续书写。

【例 6-5】交集选择器

```
intersection_selectors.html
<html>
    <head>
        <title>交集选择器</title>
        <style type="text/css">
            p.special
            {                        /* 交集选择器 */
                color: red;          /* 红色 */
                font-size:20px;      /* 文字大小 */
                text-align: center;  /* 居中显示 */
            }
            .special
            {                        /* 类选择器 */
                color: blue;         /* 蓝色 */
                font-size:25px;      /* 文字大小 */
                text-align: right;   /* 居右显示 */
            }
        </style>
    </head>

    <body>
        <h1 class =" special ">这个标题是蓝色居右显示的</p>
        <p class="special">这个段落是居中显示的</p>
    </body>
</html>
```

id 选择器不引用 class 属性的值，它要引用 id 属性中的值。

注意： 交集选择器只能由两个选择器直接连接构成。

6.2.6 伪类选择器

伪类选择器可以看做是一种特殊的类选择器，伪类用于向某些选择器添加特殊的效果。它可以对链接在不同状态下定义不同的样式效果。

伪类的语法是在原有的语法里加上一个伪类（pseudo-class），如图 6-6 所示。

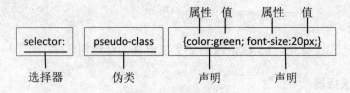

图 6-6　伪类选择器

伪类选择器主要用来定义链接在不同的状态下显示不同的效果。这些状态包括：活动状态，已被访问状态，未被访问状态和鼠标悬停状态。

【例 6-6】伪类选择器

pseudo-class.html

```
<html>
    <head>
        <title>锚伪类选择器</title>
        <style type="text/css">
            a:link /*  未访问的链接  */
            {
                color: #FF0000
            }
            a:visited /*  已访问的链接  */
            {
                color: #00FF00
            }
            a:hover /*  鼠标移动到链接上  */
            {
                color: #FF00FF
            }
            a:active /*  选定的链接  */
            {
                color: #0000FF
            }
        </style>
    </head>
    <body>
        <p>河南大学</p>
        <a href="http://www.henu.edu.cn">河南大学首页</a>
        <a href="http://www.henu.edu.cn/szxy.htm">河南大学数字校园</a>
    </body>
</html>
```

该例将不同的链接状态设置成不同的颜色，从而提高链接的视觉效果。

将伪类和类组合起来使用，就可以在同一个页面中做几组不同的链接效果了，例如，定义一组链接为红色，访问后为蓝色；另一组为绿色，访问后为黄色。

```
a.red:link {color: #FF0000}
a.red:visited {color: #0000FF}
a.green:link {color: #00FF00}
```

a.green:visited {color: #FF00FF}

该例将应用到不同的链接。

`<a class="red" href="…">这是第一组链接</a>`

`<a class="green" href="…">这是第二组链接</a>`

注意:

- a:hover 必须被置于 a:link 和 a:visited 之后才是有效的。
- a:active 必须被置于 a:hover 之后才是有效的。
- 伪类名称对大小写不敏感。

6.2.7 CSS 继承

CSS 继承是指父元素的样式同样适合于子元素。善于利用 CSS 继承能够使代码更加简洁。例如定义 p {color: red; },则段落内所有的文字都变成红色。

继承也有其局限性,并非所有的 CSS 属性都可以继承。文本相关属性、列表相关属性、颜色相关属性是可以继承的。但是,border 属性是用来设置元素边框的,不能被继承。边框类属性(如 border,margin,padding 之类)都是不能被继承的。

继承有时也会引起错误。例如定义 body{color: red;},有些浏览器会使表格之外的颜色变成红色,表格却不会改变,这时,可以定义为 body, table, th, td{color:red;}使表格内的文字都变成红色。

6.2.8 层叠

CSS 全称叫做"层叠样式表",层叠是 CSS 中很重要的性质。层叠和继承有本质的区别,不能将两者混淆。可以将层叠理解为遇到样式"冲突"时采用何种样式。

【例 6-7】层叠

```
cascading_style.html
<html>
    <head>
        <title>CSS 层叠</title>
        <style type="text/css">
            p
            {
                color:red;
            }
            .one
            {
                color:blue;          /* 蓝色 */
                font-size:18px;      /* 文字大小 */
            }
            .two
            {
                color:green;         /* 绿色 */
            }
            .three
```

```
                    {
                        font-size:30px;              /* 文字大小 */
                    }
                    #warning
                    {
                        color:yellow;
                        font-style:italic;
                    }
            </style>
        </head>
        <body>
            <p>这个段落字体是红色的</p>
            <p class="one">这个段落字体是蓝色的</p>
            <h3 class="green" id="warning">这个标题是黄色的</h3>
            <p class="one two">这个段落字体是绿色的</p>
            <p class="two one">这个段落字体是绿色的</p>
            <p class="two three">这个段落字体是绿色的</p>
            <p id="warning" style="color:purple">这个段落字体是紫色的斜体字</p>
        </body>
</html>
```

请注意下边几行文字的显示效果。第 1 行文字仅使用了标记选择器；第 2 行文字使用了类选择器，显示结果表示类选择器优先级高于标记选择器；第 3 行文字使用了类选择器和 id 选择器，结果表示 id 选择器优先级高于类选择器；第 4 行和第 5 行文字使用了两种类选择器，两种类选择器优先级相同，结果表示使用的是后定义（不是后引用）的类选择器；第 6 行文字虽然使用了两种类选择器，但没有造成冲突，显示结果为两种样式之和；第 7 行文字使用了 id 选择器和行内样式，结果表示行内样式优先级高。

注意：

- 样式优先级规则：行内样式>id 样式>类型样式>标记样式。
- 标记样式是做整体控制的，类型样式是某种元素做精准控制的，id 样式是对某一个特定元素做特殊控制的，行内样式仅对它所指定的一个元素产生影响。简单地说，越特殊的样式优先级越高。

6.3 创建 CSS 样式

下面我们来介绍创建 CSS 样式的基础知识和基本操作。

6.3.1 新建 CSS 样式的方法

在 Dreamweaver CS5.5 中有以下几种新建 CSS 样式的方法。

- 执行"格式"→"CSS 样式"→"新建"菜单命令。
- 在"CSS 样式"面板中单击鼠标右键，从弹出的快捷菜单中单击"新建"命令。
- 在"CSS 样式"面板中单击面板右下侧的"新建 CSS 规则"按钮。
- 在文档窗口中选择文本，从 CSS 属性检查器的"目标规则"下拉列表中选择"新建

CSS 规则"选项，然后单击"编辑规则"按钮，或者在右侧单击一个属性按钮（如
单击"斜体"按钮）以新建规则。

执行以上操作之一均会打开"新建 CSS 规则"对话框，如图 6-7 所示，在该对话框中可
以对新建规则进行设置。

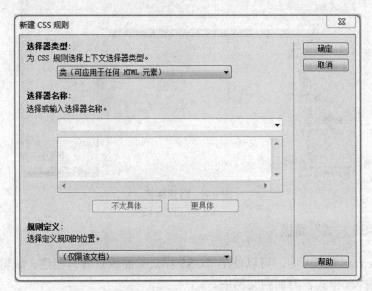

图 6-7　"新建 CSS 规则"对话框

在该对话框的"选择器类型"下拉列表中可以指定要创建的 CSS 规则的选择器类型。

● 若要创建一个可作为 class 属性应用于任何 HTML 元素的自定义样式，则从"选择器
类型"下拉列表中选择"类"选项，然后在"选择器名称"文本框中输入选择器的名
称即可。

提示：类名称必须以句点开头，可以包含任何字母和数字的组合（如.myhead1）。如果没
有输入开头的句点，Dreamweaver CS5.5 将自动添加。

● 若要定义包含特定 id 属性的标签的格式，应从"选择器类型"下拉列表中选择"ID"
选项，然后在"选择器名称"文本框中输入唯一 ID。

提示：ID 必须以井号（#）开头，可以包含任何字母和数字的组合（如#myID1）。如果没
有输入开头的#号，Dreamweaver CS5.5 将自动添加。

● 若要重新定义特定 HTML 标签的默认格式，从"选择器类型"下拉列表中选择"标
签"选项，然后在"选择器名称"文本框中输入 HTML 标签或从下拉列表中选择一
个标签，如图 6-8 所示。

● 若要定义同时影响两个或多个标签、类或 ID 的复合规则，从"选择器类型"下拉列
表中选择"复合内容"选项并输入用于复合规则的选择器名称。

在"新建 CSS 规则"对话框的"规则定义"下拉列表中选择要定义规则的位置。

● 若只在当前文档中嵌入样式，则在下拉列表中选择"（仅限该文档）"选项。

● 若要创建外部样式表，则在下拉列表中选择"新建样式表文件"选项。

设置完成后，单击"确定"按钮即可新建 CSS 规则。

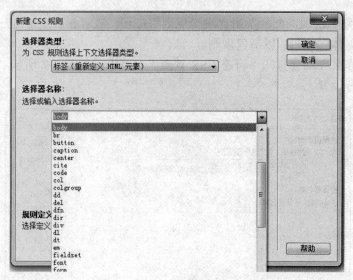

图 6-8　选择标签

6.3.2　"CSS 样式"面板

在 Dreamweaver CS5.5 中，可以使用"CSS 样式"面板查看、创建、编辑和删除 CSS 样式，并且可以将外部样式表附加到文档中。

1. 打开"CSS 样式"面板

打开"CSS 样式"面板的方法有以下 3 种。

- 执行"窗口"→"CSS 样式"菜单命令。
- 按 Shift+F11 组合键。
- 在文档窗口中选择文本，在 CSS 属性检查器中单击"CSS 面板"按钮。

2. "当前"模式下的"CSS 样式"面板

使用"CSS 样式"面板可以跟踪影响当前所选页面元素的 CSS 规则和属性，即"当前"模式下的"CSS 样式"面板，如图 6-9 所示。

在"当前"模式下，"CSS 样式"面板将显示 3 个列表框："所选内容的摘要"列表框、"规则"列表框和"属性"列表框。

- "所选内容的摘要"列表框：显示活动文档中当前所选项目的 CSS 属性的摘要及它们的值。该摘要显示直接应用于所选内容的所有规则的属性，仅显示已设置的属性。
- "规则"列表框：根据用户的选择显示两种不同视图："关于"视图或"规则"视图。在"关于"视图中，此列表框显示定义所选 CSS 属性的规则的名称，以及包含该规则的文件的名称。在"规则"视图中，此列表框显示直接或间接应用于当前所选内容的所有规则的层叠（或层次结构）。可以通过单击"规则"列表框右上角的"显示所选属性的相关信息"按钮和"显示所选标签的规则层叠"按钮在两种视图之间切换。
- "属性"列表框：在"所选内容的摘要"列表框中选择某个属性，并在"规则"列表框中选择定义规则时，定义规则的所有属性将出现在"属性"列表框中。使用"属性"列表框可快速修改 CSS 样式，无论它是嵌入在当前文档中还是通过附加的样式表进行链接的。

用户可以通过拖动列表框的边框来调整任意列表框的大小，通过拖动列分隔线来调整列的宽度。

3．"全部"模式下的"CSS 样式"面板

使用"CSS 样式"面板也可以跟踪文档可用的所有规则和属性，即"全部"模式下的"CSS 样式"面板，如图 6-10 所示。

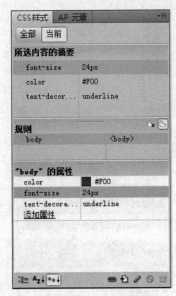
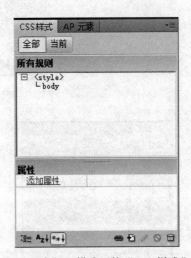

图 6-9　"当前"模式下的"CSS 样式"面板　　图 6-10　"全部"模式下的"CSS 样式"面板

在"全部"模式下，"CSS 样式"面板显示两个列表框："所有规则"列表框和"属性"列表框。

● "所有规则"列表框：显示当前文档中定义的规则及附加到当前文档中的样式表中定义的所有规则。

● "属性"列表框：可以编辑"所有规则"列表框中任何所选规则的 CSS 属性。

提示：使用面板顶部的"全部"和"当前"切换按钮可以在两种模式之间切换。

4．"CSS 样式"面板的按钮

在"全部"和"当前"模式下，"CSS 样式"面板底部都包含有视图按钮和功能按钮，各个按钮的含义如下：

● "显示类别视图"按钮：单击该按钮，显示类别视图。类别视图将 Dreamweaver CS5.5 支持的 CSS 属性分为 9 个类别："字体""背景""区块""边框""方框""列表""定位""扩展"和"表、内容、引用"。每个类别的属性都包含在一个列表中，单击类别名称左侧的加号按钮，可以展开或折叠它，如图 6-11 所示。

● "显示列表视图"按钮：单击该按钮，显示列表视图，该视图会按字母顺序显示 Dreamweaver CS5.5 支持的所有 CSS 属性，如图 6-12 所示。

● "只显示设置属性"按钮：设置属性视图仅显示那些已经进行了设置的属性。设置属性视图为默认视图，如图 6-13 所示。

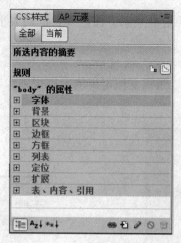

图 6-11　显示类别视图

图 6-12　显示列表视图

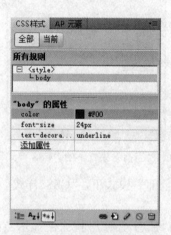

图 6-13　只显示设置属性

- "附加样式表"按钮：单击该按钮可以链接外部样式表。
- "新建 CSS 规则"按钮：单击该按钮可以打开"新建 CSS 规则"对话框，在该对话框中可以创建新的样式表。
- "编辑样式"按钮：单击该按钮可以打开一个对话框，在其中编辑当前文档或外部样式表中的样式。
- "删除 CSS 规则"按钮：单击该按钮，可以删除"CSS 样式"面板中的选定 CSS 规则，并从它所应用于的所有元素中删除格式设置。不过，它不会删除由该样式引用的类或 id 属性。使用该按钮还可以分离或取消链接附加的 CSS 样式。

6.3.3　创建样式

在 Dreamweaver CS5.5 中可以创建类样式、标签样式和高级样式，下面我们以创建标签样式为例介绍创建样式表的基本操作方法。

（1）执行"格式"→"CSS 样式"→"新建"菜单命令，打开"新建 CSS 规则"对话框。

（2）在该对话框的"选择器类型"下拉列表中选择"标签"选项，然后在"选择器名称"

下拉列表中选择"td"选项,在"规则定义"下拉列表中选择"(仅限该文档)"选项,如图 6-14 所示。

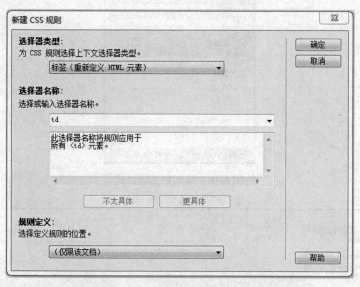

图 6-14　设置选择器类型和名称

（3）单击"确定"按钮,打开"CSS 规则定义"对话框,在"分类"列表框中选择"类型"选项,然后在右侧设置属性,如图 6-15 所示。

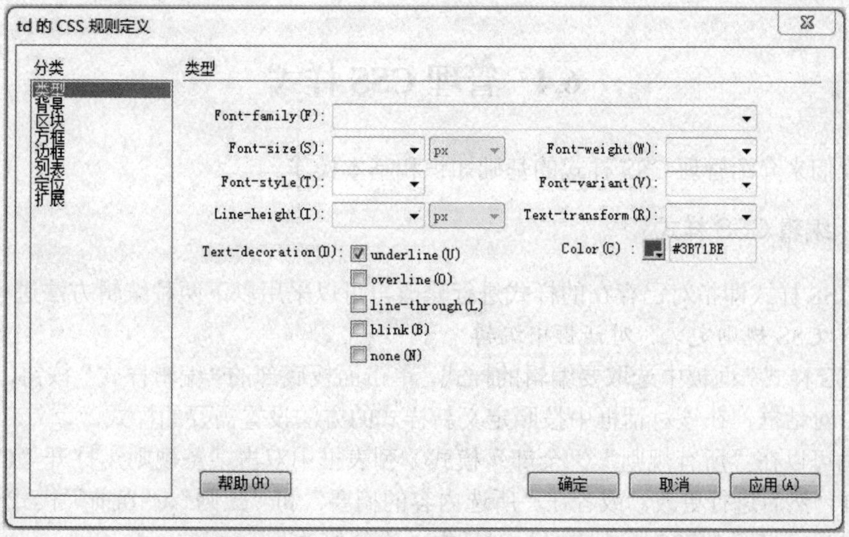

图 6-15　设置属性值

（4）设置完成后,单击"确定"按钮,此时定义的样式将显示在"CSS 样式"面板中,如图 6-16 所示。

在文档窗口中将光标定位在单元格中,在 CSS 属性检查器的"目标规则"下拉列表中可以看到设置的样式,如图 6-17 所示。

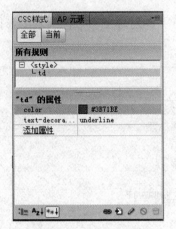

图 6-16　显示定义的样式

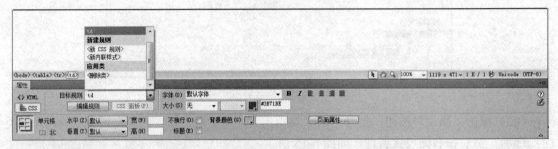

图 6-17　在属性检查器中显示定义的样式

6.4　管理 CSS 样式

下面我们来介绍管理 CSS 样式的基础知识和基本操作。

6.4.1　编辑 CSS 样式

编辑 CSS 样式即指对已存在的样式进行修改，可以采用以下两种编辑方法进行。

1. 在"CSS 规则定义"对话框中编辑

在"CSS 样式"面板中选取要编辑的样式，单击面板底部的"编辑样式"按钮，打开"CSS 规则定义"对话框，在该对话框中按照定义新样式的方法设置需要的样式。

用户也可以在"所有规则"（"全部"模式）列表框中双击某条规则，打开"CSS 规则定义"对话框，然后进行更改。或者在"所选内容的摘要"和"规则"（"当前"模式）列表框中双击某个选项，打开"CSS 规则定义"对话框，进行修改。

2. 在面板的属性列表框中编辑

无论是在"全部"模式中还是在"当前"模式中，我们都可以使用"CSS 样式"面板的属性列表框来编辑属性。下面以"全部"模式为例，介绍在属性列表框中编辑样式的基本操作。

在"CSS 样式"面板的"所有规则"列表框中选择要编辑的样式，对应的样式属性显示在下方的属性列表框中。

在要修改的属性参数的右侧单击，然后修改需要的值。例如，要将 text-decoration 属性的值改为"line-through",单击 text-decoration 属性右侧的值,使其进入可编辑状态,输入"line-through",或者在下拉列表中选择"line-through"选项即可,如图 6-18 所示。修改样式属性值后,应用该样式的对象会自动更新为现有的样式属性效果。

图 6-18   编辑属性值

6.4.2   添加属性

在"CSS 样式"面板的"所有规则"列表框("全部"模式)中选择一条规则,或者在"所选内容的摘要"列表框("当前"模式)中选择一个属性,然后单击面板底部的"只显示设置属性"按钮,在属性列表框中单击"添加属性"超链接,弹出如图 6-19 所示的样式属性参数列表。

在弹出的列表框中选择要添加的属性,如选择"background-color"选项,设置背景色,单击右侧的色块,设置一种颜色,如图 6-20 所示。修改样式的同时,应用了该样式的对象会显示为更改样式后的效果。

图 6-19   样式属性参数列表

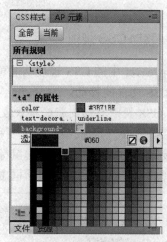

图 6-20   设置颜色

如果为属性列表框选择了类别视图或列表视图,则只需要为要添加的属性设置一个值即可,如图 6-21 所示,是为字号属性设置了"12px"的值。

单击"只显示设置属性"按钮，在属性列表框中可以看到应用的属性，如图 6-22 所示。

图 6-21　设置属性的值　　　　　　　　图 6-22　只显示设置属性

6.4.3　链接和导入样式表

在"CSS 样式"面板中单击"附加样式表"按钮，打开"链接外部样式表"对话框，在该对话框中可以链接外部已经制作好的 CSS 样式文件，如图 6-23 所示。

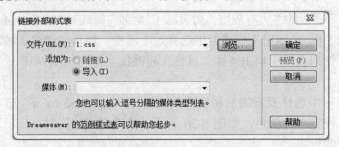

图 6-23　"链接外部样式表"对话框

6.4.4　移动 CSS 规则

Dreamweaver 中的 CSS 管理功能可以让规则在文档间移动、从文档头移动到外部样式表，或在外部 CSS 文件间移动。

1. 将 CSS 规则移动到新的样式表中

在"CSS 样式"面板中，选择要移动的一个或多个规则，若要选择多个规则，按住 Ctrl 键再单击要选择的规则。然后右击鼠标，从弹出的快捷菜单中单击"移动 CSS 规则"命令，在打开的"移至外部样式表"对话框中选中"新样式表"单选按钮，如图 6-24 所示。

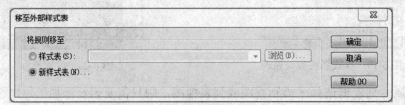

图 6-24　"移至外部样式表"对话框

单击"确定"按钮，在打开的对话框中设置样式表的名称和保存位置，然后单击"保存"按钮，此时 Dreamweaver CS5.5 会将选择的规则保存至新样式表，并将其附加到当前文档。

2. 将 CSS 规则移动到现有样式表中

在"CSS 样式"面板中选择要移动的一个或多个规则，然后右击鼠标，从弹出的快捷菜单中单击"移动 CSS 规则"命令，在打开的"移至外部样式表"对话框中选中"样式表"单选按钮，在右侧的下拉列表中选择现有的样式表，或者单击"浏览"按钮，找到现有样式表，然后单击"确定"按钮即可。

6.5　设置 CSS 样式属性

6.5.1　设置 CSS "类型" 分类属性

使用"CSS 规则定义"对话框中的"类型"分类，可以定义 CSS 样式的基本字体和字号等。

在"CSS 样式"面板中选取要编辑的样式，单击面板底部的"编辑样式"按钮，打开"CSS 规则定义"对话框，在该对话框的"分类"列表框中选择"类型"选项，然后在右侧设置属性参数值，如图 6-15 所示。

该对话框中各参数的含义如下：

- Font-family：为样式设置字体。浏览器使用用户系统上安装的字体系列中的第一种字体显示文本。
- Font-size：定义文本大小。可以通过选择数字和度量单位设置特定的大小，也可以选择相对大小。
- Font-style：指定字体样式，有 normal（正常）、italic（斜体）和 oblique（偏斜体）3 种方式。
- Line-height：设置文本所在行的高度，即行高。
- Text-decoration：向文本添加下划线、上划线、删除线，或使文本闪烁。
- Font-weight：对字体应用特定或相对的粗体量。
- Font-variant：设置文本的小型大写字母变体。Dreamweaver 不在文档窗口中显示此属性。
- Text-transform：将所选内容中的每个单词的首字母大写，或者将文本设置为全部大写或小写。
- Color：设置文本颜色。

设置完成后单击"确定"按钮即可。如图 6-25 所示，为设置 CSS "类型" 分类属性后的"CSS 样式"面板，应用该样式的效果如图 6-26 所示。

6.5.2　设置 CSS "背景" 分类属性

在"CSS 规则定义"对话框的"分类"列表框中选择"背景"选项，然后在右侧可以设置相关的属性，如图 6-27 所示。

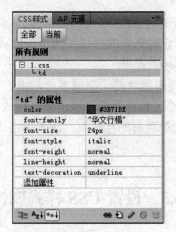

图 6-25 "CSS 样式"面板

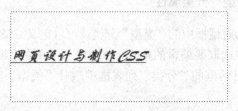

图 6-26 应用"类型"分类属性样式的效果

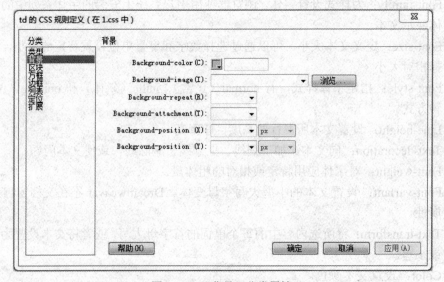

图 6-27 "背景"分类属性

该对话框中各参数的含义如下：

- Background-color：设置元素的背景颜色。
- Background-image：设置元素的背景图像。
- Background-repeat：确定是否及如何重复背景图像，在该下拉列表中有 4 种选项：no-repeat（不重复）、repeat（重复）、repeat-x（横向重复）、repeat-y（纵向重复）。
- Background-attachment：确定背景图像是固定在其原始位置还是随内容一起滚动。

- Background-position（X）、Background-position（Y）：指定背景图像相对于元素的初始位置，这可用于将背景图像与页面中心垂直（Y）或水平（X）对齐。

设置完成后单击"确定"按钮即可。如图 6-28 所示，为设置 CSS "背景"分类属性后的 "CSS 样式"面板，应用该样式的效果如图 6-29 所示。

图 6-28　"CSS 样式"面板

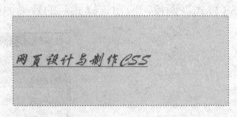

图 6-29　应用"背景"分类属性样式的效果

6.5.3　设置 CSS "区块"分类属性

在"CSS 规则定义"对话框的"分类"列表框中选择"区块"选项，然后在右侧可以设置相关的属性，如图 6-30 所示。

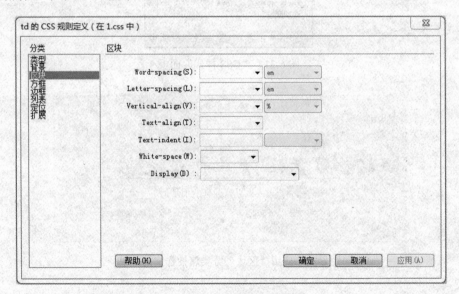

图 6-30　"区块"分类属性

该对话框中各参数的含义如下：

- Word-spacing：设置字词的间距。若要设置特定的值，则在下拉列表中选择"（值）"选项，然后输入一个数值，再在右侧的下拉列表中选择度量单位。

- Letter-spacing：增加/减小字母或字符的间距。若要减小字符间距，则需要指定一个负值，字母间距设置覆盖对齐的文本设置。
- Vertical-align：指定应用此属性的元素的垂直对齐方式。
- Text-align：设置文本在元素内的对齐方式。
- Text-indent：指定第 1 行文本缩进的程度。
- White-space：设置元素中的空格，在下拉列表中有 3 个选项：normal（正常）、pre（保留）和 nowrap（不换行）。其中，normal 表示收缩空白；pre 表示保留所有空白，包括空格、制表符和回车；nowrap 表示仅当遇到
标签时文本才换行。
- Display：指定是否及如何显示元素。

设置完成后单击"确定"按钮即可。如图 6-31 所示，为设置 CSS "区块"分类属性后的 "CSS 样式"面板，应用该样式后的效果如图 6-32 所示。

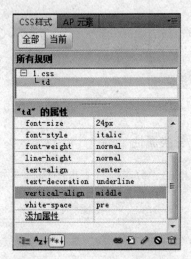

图 6-31   "CSS 样式"面板

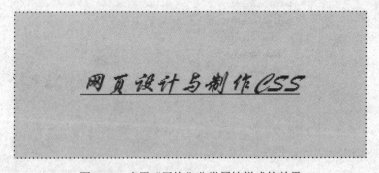

图 6-32   应用"区块"分类属性样式的效果

6.5.4   设置 CSS "方框"分类属性

在"CSS 规则定义"对话框的"分类"列表框中选择"方框"选项，然后在右侧可以设置相关的属性，如图 6-33 所示。

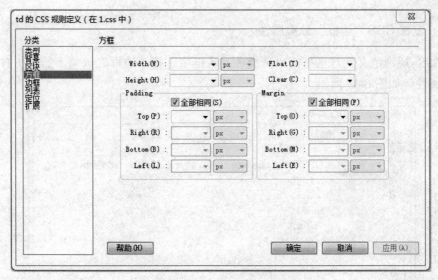

图 6-33　"方框"分类属性

该对话框中各参数的含义如下：

- Width、Height：设置元素的宽度和高度。
- Float：设置其他元素（如文本、Div、表格等）围绕元素的哪条边浮动。其他元素按通常的方式环绕在浮动元素的周围。
- Clear：清除定义不允许 AP 元素的边。
- Padding：指定元素内容与元素边框之间的间距（如果没有边框，则为边距）。如果取消选中"全部相同"复选框，则可设置元素各条边的填充：Top（上）、Right（右）、Bottom（下）、Left（左）。
- Margin：指定一个元素的边框与另一个元素之间的间距（如果没有边框，则为填充）。如果取消选中"全部相同"复选框，可设置元素各条边的边距。

设置完成后单击"确定"按钮即可。如图 6-34 所示，为设置 CSS "方框"分类属性后的"CSS 样式"面板，应用样式后的效果读者可自行查看。

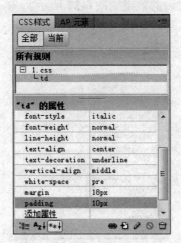

图 6-34　"CSS 样式"面板

6.5.5 设置 CSS "边框" 分类属性

在 "CSS 规则定义" 对话框的 "分类" 列表框中选择 "边框" 选项，然后在右侧可以设置相关的属性，如图 6-35 所示。

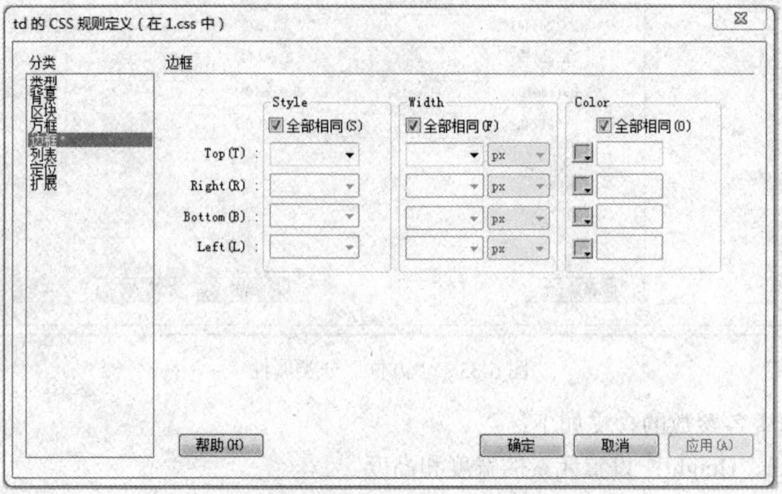

图 6-35 "边框" 分类属性

该对话框中各参数的含义如下：
- Style：设置边框的样式外观，如果取消选中 "全部相同" 复选框，可设置元素各条边的边框样式。
- Width：设置元素边框的精细度。如果取消选中 "全部相同" 复选框，可设置元素各条边的边框宽度。
- Color：设置边框的颜色。如果取消选中 "全部相同" 复选框，可设置元素各条边的边框颜色。

设置完成后单击 "确定" 按钮即可。如图 6-36 所示，为设置 CSS "边框" 分类属性后的 "CSS 样式" 面板，应用该样式后的效果如图 6-37 所示。

图 6-36 "CSS 样式" 面板

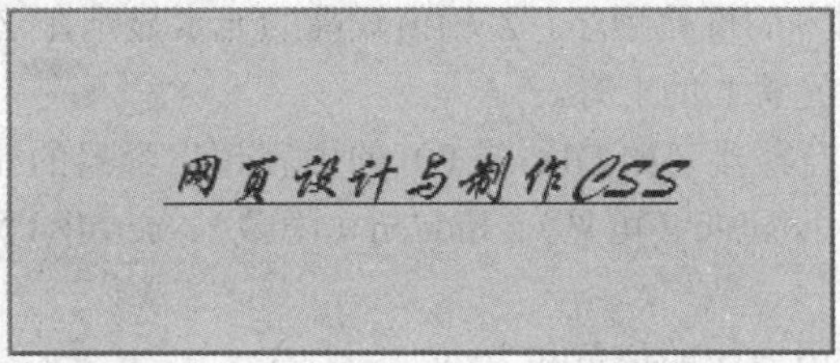

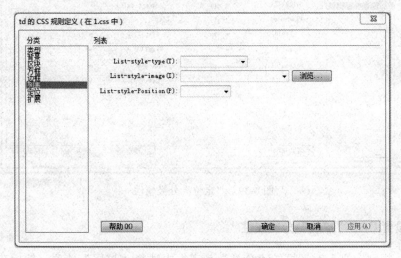

网页设计与制作CSS

图 6-37   应用 "边框" 分类属性样式的效果

6.5.6   设置 CSS "列表" 分类属性

在 "CSS 规则定义" 对话框的 "分类" 列表框中选择 "列表" 选项，然后在右侧可以设置相关的属性，如图 6-38 所示。

图 6-38   "列表" 分类属性

该对话框中各参数的含义如下：

- List-style-type：设置项目符号或编号的外观。
- List-style-image：为项目符号指定自定义图像，单击 "浏览" 按钮，在打开的对话框中通过浏览选择图像，或直接键入图像的路径。
- List-style Position：设置列表项文本是否换行并缩进（外部），或者文本是否换行到左边距（内部）。

6.5.7   设置 CSS "定位" 分类属性

在 "CSS 规则定义" 对话框的 "分类" 列表框中选择 "定位" 选项，然后在右侧可以设置相关的属性，如图 6-39 所示。

该对话框中各参数的含义如下：

- Position：确定浏览器应如何来定位选定的元素。
- Visibility：确定内容的初始显示条件。如果不指定可见性属性，则默认情况下，内容将继承父级标签的值。<body>标签默认是可见的。

- Z-Index：确定内容的堆叠顺序。Z 轴值较高的元素显示在 Z 轴值较低的元素（或根本没有 Z 轴值的元素）的上方。
- Overflow：确定当容器（如 DIV 或 P）的内容超出容器的显示范围时的处理方式，在下拉列表中有 visible（可见）、hidden（隐藏）、scroll（滚动）和 auto（自动）4 个选项。
- Placement：指定内容块的位置和大小。
- Clip：定义内容的可见部分。

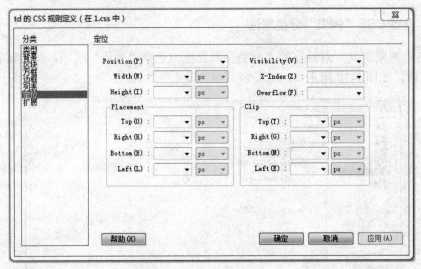

图 6-39　"定位"分类属性

6.5.8　设置 CSS "扩展" 分类属性

在 "CSS 规则定义" 对话框的 "分类" 列表框中选择 "扩展" 选项，然后在右侧可以设置相关的属性，如图 6-40 所示。

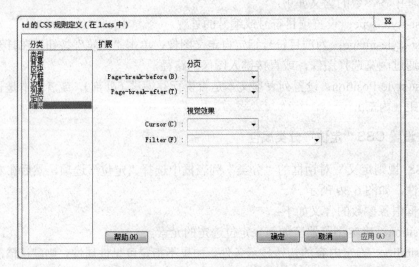

图 6-40　"扩展"分类属性

6.6　使用 CSS 对页面进行布局

在使用 CSS 布局页面时，网页内容会被添加到<div>标签中，然后将<div>标签放在不同的位置上，它与表格单元格（被限制在表格行和列中的某个现有位置）不同，<div>标签可以出现在 Web 页上的任何位置，并且可以用绝对方式（指定 X 和 Y 坐标）或相对方式（指定与其他页面元素的距离）来定位<div>标签。

当使用 Dreamweaver 创建新页面时，可以创建一个已包含 CSS 布局的页面。Dreamweaver 向用户提供了多种不同的 CSS 布局样式。另外，用户还可以创建自己的 CSS 布局，并将它们添加到配置文件中，以便使它们在"新建文档"对话框中显示为布局选项。

使用 CSS 布局创建页面的具体操作如下：

（1）执行"文件"→"新建"菜单命令，打开"新建文档"对话框。

（2）选择"空白页"选项卡（默认选择），在"页面类型"列表框中选择 HTML 选项。

提示：必须为布局选择 HTML 页面类型，如可以选择 HTML、ColdFusion、PHP 选项等。不能使用 CSS 布局创建 CSS、库项目、JavaScript、XML、XSLT 或 ColdFusion 组件页面。

（3）在右侧的布局列表框中选择要创建的布局类型，用户可以在最右侧的预览栏中看到该布局样式和该布局的简单说明，如图 6-41 所示。

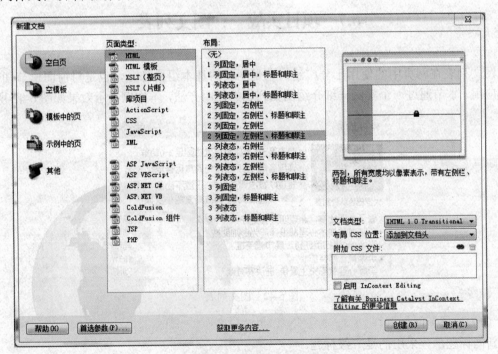

图 6-41　选择布局样式

（4）在"文档类型"下拉列表中选择文档的类型，一般保持默认设置。

（5）在"布局 CSS 位置"下拉列表中选择布局 CSS 的位置，如选择"添加到文档头"选项。

（6）完成设置后，单击"创建"按钮即可。

在 Dreamweaver CS5.5 中，CSS 布局提供了以下几种类型的列。

- 固定：列宽是以像素为单位进行指定的。列的大小不会根据浏览器的大小或站点访问者的文本设置来调整。
- 弹性：列宽是以相对于文本大小的度量单位（全方）来指定的。如果站点访问者更改了文本设置，该列宽将会进行调整，但不会基于浏览器窗口的大小来更改列宽。
- 液态：列宽是以站点访问者的浏览器宽度的百分比形式来指定的。如果站点访问者将浏览器变宽或变窄，该列宽将会进行调整，但不会基于站点访问者的文本设置来更改列宽度。
- 混合：用上述 3 个选项的任意组合来指定列的类型。

在 Dreamweaver CS5 中，布局 CSS 的位置设置有 3 种选择。

- 添加到文档头：将布局的 CSS 添加到要创建的文档头中。
- 新建文件：将布局的 CSS 添加到新的外部样式表中，并将这一新样式表添加到要创建的页面。
- 链接到现有文件：可以通过此选项指定已包含布局所需的 CSS 规则的现有 CSS 文件。当希望在多个文档上使用相同的 CSS 布局（CSS 布局的 CSS 规则包含在一个文件中）时，应使用此选项。

6.7 项目实战一：图文列表

图文列表在网页中的使用十分广泛，它是网页的基本组成部分，也是对前面章节知识的综合应用，本节通过一个实例详细介绍图文列表的使用方法，本实例显示效果如图 6-42 所示。

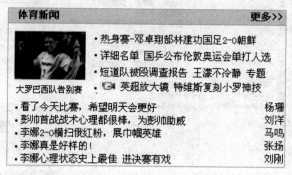

图 6-42 图文列表

（1）设置新闻标题。

新闻标题部分采用的是二级标题。

```
<div class="sports">
<h2>
    <a href="" target=_blank>体育新闻</a>
    <span><a href="" target=_blank>更多>></a></span>
</h2>
</div>
```

其中 CSS 样式如下。

```
h2
{
        height:20px;
        background: #D8E3F1;
        color:blue;
        /*设置标题中的文字与边框的距离*/
        padding:0 4px 0 14px;
        line-height:20px;
        border-bottom:1px solid #B8CBE4;
        font-size:14px;
        margin-top:0px;
        margin-bottom:10px;/*距离下边框为 10px*/
    }
h2 span
{
        font-weight: bold; float:right;
    }
a
{
        text-decoration:none;
        color:black;
        }
.sports
{
        width:400px; border:1px solid #B8CBE4;
}
```

在正常情况下，在 CSS 中只要设置 span 的 float:right 就可以了，也的确如此，在 Firefox
中能够正常显示，显示效果如图 6-43 所示。

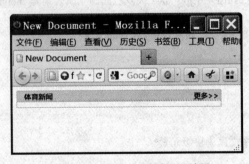

图 6-43　Firefox 中标题显示效果

但在 IE9 浏览器下运行效果如图 6-44 所示。

文本"更多"会换行显示，这是由于 IE9 中存在 BUG，当非浮动的元素和浮动的元素在
一起的时候，如果非浮动元素在先，那么浮动的元素将被排斥。也就是说，如果 span 是
float:right，但是 a 还是 float:none 如果要让两者占据同一行，要么把 span 先于 a 显示，要么
把 a 也设成 float（float:left），这里采用把 float 元素显示在先的方式，上述代码修改如下。

```
<h2>
    <span><a href="" target=_blank>更多>></a></span>
    <a href="" target=_blank>体育新闻</a>
</h2>
```

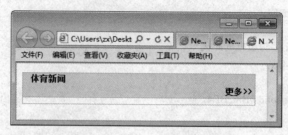

图 6-44　IE9 中标题显示效果

修改后，IE9 中显示效果如图 6-45 所示。

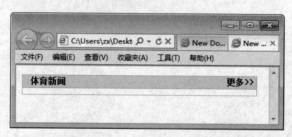

图 6-45　样式修改后 IE9 显示效果

（2）设置左侧的图文部分。

设置左侧的图文部分，把图片和文字都作为超链接，具体代码如下。

```
<div class="it01img">
    <a href="" target="_blank">
        <span class="it01ib">
        <img src="..\images\list\001.jpg" alt="大罗巴西国家队告别赛" height="68" width="103"></img>
        </span>
        <span class="it01tb">大罗巴西队告别赛</span></a>
    </a>
</div>
```

CSS 样式如下。

```
span.it01ib
{
    display:block; /*设置图文区为块级元素*/
}
span.it01tb
{
    display:block;
    height:18px;
    padding:4px 0 0 0;
    line-height:14px;
    text-align:center;
```

```
        font-size:12px;
}
.it01img
{
        width:111px;
        text-align:center;
        float:left;
}
a img
{
        border:none; /*去除图片超链接边框*/
}
```

显示效果如图 6-46 所示。

大罗巴西队告别赛

图 6-46　图文超链接

（3）设置右侧文字列表。

右侧的文字列表是通过 ul、li 的设置完成的，在这个列表中没有使用列表默认的图标，而是在每个 li 前使用了一个小图片，具体代码如下。

```
<div class="mdlist">
        <ul >
                <li>
                        <a href="" target="_blank">热身赛-邓卓翔郜林建功国足 2-0 朝鲜</a>
                </li>
                <li>
                        <a href="" target="_blank">详细名单</a>
                        <a href="" target="_blank">国乒公布伦敦奥运会单打人选</a>
                </li>
                <li>
                        <a href="" target="_blank">短道队被殴调查报告</a>
                        <a href="" target="_blank">王濛不冷静</a>
                        <a href="" target="_blank">专题</a>
                </li>
                <li>
                        <a href="" target="_blank"><img src="..\images\list\小摄像机.gif' alt="英超放大镜"
                          height="13" width="22"></img> 英超放大镜</a>
                        <a href="" target="_blank">特维斯复刻小罗神技</a>
                </li>
        </ul>
</div>
```

CSS 样式为：

```
.mdlist
{
    width:350px;
}
.mdlist li
{
line-height:23px;height:23px;
}
li
{
    background-image:url(..\images\list\hei3.jpg);
    background-repeat:no-repeat;
    background-position:6px 9.5px;
    padding-left:14px;
    font-size:14px;
}
ul
{
    padding-left:0px;
    margin-left:0px;
    list-style:none;
    margin:0px 0px 0px 0px;
}
```

显示效果如图 6-47 所示。

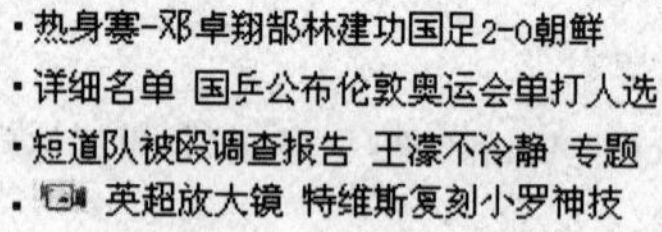

图 6-47　右侧文字列表

（4）设置下方文字列表。

同标题部分的类似，需要解决 IE8 浏览器中非浮动的元素和浮动的元素在一起的时候，如果非浮动元素在先，那么浮动的元素将被排斥的问题，显示效果如图 6-48 所示。

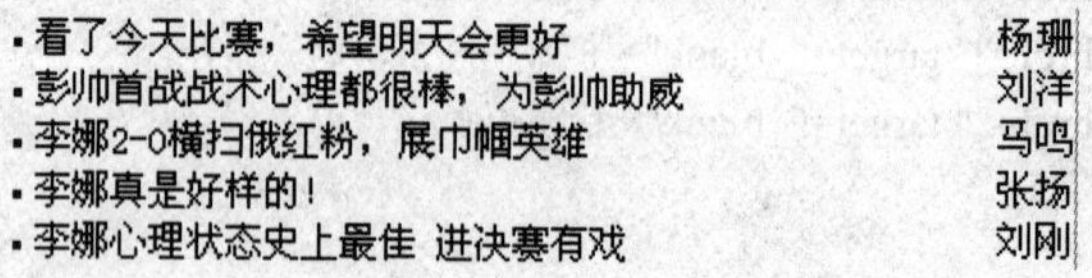

图 6-48　下方文字列表

具体代码如下。

```
<div class="under_list">
    <ul>
        <li>
    <span class='info'>
```

```
        <a href=" target='_blank'>杨珊</a>
    </span>
            <span >
        <a href=" target='_blank'>看了今天比赛，希望明天会更好</a>
    </span>
        </li>
        <li>
            <span class='info'>
                <a href=" target='_blank'>刘洋</a>
        </span>
            <span >
            <a href=" target='_blank'>彭帅首战战术心理都很棒，为彭帅助威</a>
        </span>
        </li>
        <li>
            <span class='info'>
                <a href=" target='_blank'>马鸣</a>
            </span>
<span >
                <a href=" target='_blank'> 李娜 2-0 横扫俄红粉，展巾帼英雄</a>
            </span>
        </li>
        <li>
        <span class='info'>
            <a href=" target='_blank'>张扬</a></span>
        <span >
            <a href=" target='_blank'>李娜真是好样的！</a>
        </span>
        </li>
        <li>
            <span class='info'>
                <a href=" target='_blank'>刘刚</a>
        </span>
            <span >
            <a href=" target='_blank'>李娜心理状态史上最佳 进决赛有戏</a>
        </span>
        </li>
    </ul>
</div>
```

CSS 样式如下。

```
.under_list
{
    width:370px;
    margin-top:10px;
}
span.info
```

```
{
    float:right;
}
```

6.8　项目实战二：竖排导航

首先做一个简单的竖直导航菜单，其显示效果如图 6-49 右图所示，制作步骤叙述如下。

（1）通过 ul 和 li 制作一个竖排列表。

```
<div class="menu">
<ul>
    <li ><a href="#"><span>河南大学概况</span></a></li>
    <li ><a href="#"><span>机构设置</span></a></li>
    <li><a href="#"><span>河大新闻</span></a></li>
    <li><a href="#"><span>科学研究</span></a></li>
    <li><a href="#"><span>师资队伍</span></a></li>
    <li><a href="#"><span>招生就业</span></a></li>
    <li><a href="#"><span >校园文化</span></a></li>
    <li><a href="#"><span >书刊出版</span></a></li>
    <li><a href="#"><span >合作交流</span></a></li>
    <li><a href="#"><span >数字校园</span></a></li>
</ul>
</div>
```

为了能够添加 a 元素被覆盖时出现的效果，需要把 a 元素设置为块级元素，CSS 样式具体设置如下。

```
<style type="text/css">
.menu ul
{
    list-style:none;
    font-size:14px;
    border:none;
}
.menu ul li a
{
    text-decoration:none;
    display:block;
    height:28px;
    line-height:28px;
    border:1px solid green;
    text-align:center;
}
</style>
```

显示效果如图 6-49 左图所示。

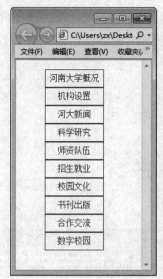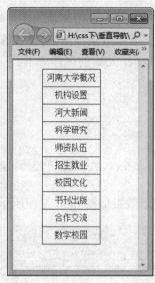

图 6-49　设置 margin 属性后的效果

（2）消除重合。

细心的读者会发现，在图 6-49 左图中，导航之间的线比较粗，这是因为 a 元素的上、下边框覆盖重合了，为了消除重合，显示为一个边框，这里进行了以下处理，在 a 的样式中增加了一个样式 margin-top，其值为-1，CSS 样式如下。

```
.menu li a
{
        text-decoration:none;
        display:block;
        height:28px;
        line-height:28px;
        border:1px solid green;
        text-align:center;
        margin-top:-1px;
        position:relative;
}
```

经过修改后，显示效果如图 6-49 右图所示。

（3）增加特效。

到此为止，已经做出了一个简单的竖排导航菜单，下面就可以为它增加一些特效，例如当鼠标覆盖此菜单项时，更换菜单背景图片等，这里使当鼠标覆盖此菜单项时，此菜单项边框显示为红色，显示效果如图 6-50 左图所示。

增加 a:hover 属性代码如下。

```
.menu li a:hover
{
        border:solid 1px red;
        color:red;
}
```

发现当鼠标覆盖列表项时，列表项的底边未能高亮显示，这是因为每个 a 元素的下边框被另一个 a 元素覆盖了，显示效果如图 6-50 右图所示，通过设置 z-index 属性值来调整重叠块的上下位置，现修改 a:hover 元素的属性如下。

Em149959997cs

```
.menu li a:hover
{
    border:solid 1px red;
    color:red;
    z-index:5;    /* z-index 大的值覆盖于小的元素上层 */
}
```

本项目的最终显示效果如图 6-50 左图所示。

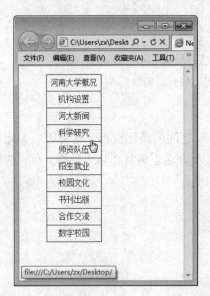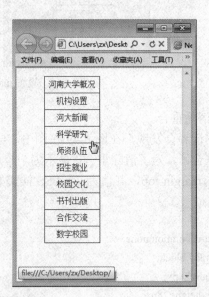

图 6-50 增加特效

6.9 项目实战三：水平导航

本节首先制作一个简单的水平导航菜单，效果如图 6-51 所示。

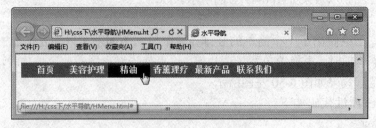

图 6-51 等宽度水平导航

在编码之前，先准备所需图片，本例用到了以下两个图片来完成这个效果，图片高度为 28 像素，如图 6-52 所示。

图 6-52 素材图片

整个菜单的背景由图 6-52 左图平铺实现，当鼠标经过菜单时显示的菜单背景是图 6-52 右图的图片效果。

思路：由于每个菜单项的背景图像大小是相同的，所以只需要当鼠标覆盖 a 元素时，添加 a 元素的背景图片属性即可，也就是说，需要将 a 元素设置为块级元素，并且设置 a 的 hover 属性，具体代码如下。

```
<div class="menu">
    <ul>
        <li><a href="#"><b>首页</b></a></li>
        <li><a href="#"><b>美容护理</b></a></li>
        <li><a href="#"><b>精油</b></a></li>
        <li><a href="#"><b>香薰理疗</b></a></li>
        <li><a href="#"><b>最新产品</b></a></li>
        <li><a href="#"><b>联系我们</b></a></li>
    </ul>
</div>
```

CSS 样式设置如下。

```
.menu
{
    width:700px;
    font-size:16px;
}
.menu ul
{
    list-style:none;
    padding:0 0 0 8px;
    margin:0px;
    height:28px;
    background:url(..\images\list\under1.jpg);
}
.menu ul li
{
    float:left;/*通过设置左浮，使导航水平显示*/
    width:80px;
}
.menu ul li a
{
    display:block;
    color:white;
    text-decoration:none;
    height:28px;
    line-height:28px;
    text-align:center;
```

```
}
.menu ul li a:hover
{
    background:url(..\images\list\hover.jpg);
}
```

在此基础上我们可以做一些修改，当鼠标覆盖菜单时，菜单项的宽度大小不一，显示效果如图 6-53 所示。

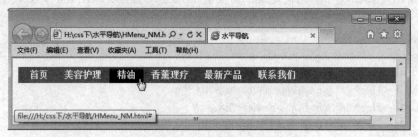

图 6-53　宽度不等水平导航

要想达到以上效果，首先可能想到的是为每一个菜单项创建一个宽度不一的背景图像，但是这样会增加下载的流量。这里采用另外一种解决方案，仍使用图 6-52 所示的两个图片，左图平铺形成整个菜单的背景图片，右图为每一个菜单项的背景图片。

（1）设置整个菜单的宽度与字体样式。

```
.menu
{
    width:700px;
    font-size:16px;
    font-family:宋体;
}
```

（2）设置 ul 的样式。

ul 的样式设置为 none，去除每个列表项的小黑点，背景由左图平铺而成。

```
.menu ul
{
    list-style:none;
    padding-left:8px;
    margin:0px;
    height:28px;
    background:url(..\images\list\under1.jpg);
}
```

（3）设置 li 左浮动，使菜单项水平平铺。

```
.menu ul li
{
    float:left;
}
```

（4）设置 a 为块级元素，响应整个矩形的单击事件。

```
.menu ul li a
{
```

```
        display:block;
        color:white;
        text-decoration:none;
        height:28px;
        line-height:28px;
        padding:0 0 0 14px;
}
```

（5）设置鼠标经过事件。

```
.menu ul li a:hover
{
        background:url(..\images\list\hover.jpg);
}
```

当经过以上设置后，最终显示效果如图 6-54 所示。

我们发现，当鼠标经过时，深蓝色背景图片已经显示，但是只显示了一半，右端图像被截断了，那么怎么来解决这个问题呢？这里可以采用一个文字加粗标记<b>，为它的背景设置一个背景图像，而且这个背景图像从右向左铺开，这样就可以显示右边的部分了。具体 CSS 样式如下。

```
.menu ul li a b
{
        display:block;
        padding:0 14px 0 0;/*由于文字距左边界为14px，所以这里设置文字距右边界 14px*/
        }
.menu ul li a:hover b
{
        background:url(..\images\list\hover.jpg) no-repeat right top;
}
```

最终显示效果如图 6-55 所示。

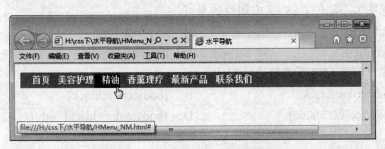

图 6-54　元素背景图片设置后的效果

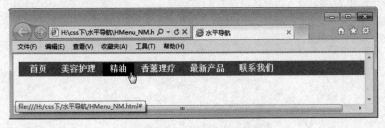

图 6-55　元素设置后的效果

本章小结

本章主要介绍了 CSS 基本语法，详细地演示了创建与编辑 CSS 样式的方法及如何在网页中应用 CSS 样式，并通过案例来加以具体应用，使读者进一步巩固和掌握 CSS 样式在网页中的应用技巧。

习题 6

一、填空题

1. 一个标签上应用多个类的时候，类名与类名之间用＿＿＿＿隔开。
2. 使用 link 元素调用 CSS 的语法中，＿＿＿＿属性是用来指定 CSS 文件的路径。
3. 可以取消加粗样式的声明语句是＿＿＿＿。
4. 外部样式表文件可以由＿＿＿＿标签导入。
5. css 的英文全称是＿＿＿＿、中文名是＿＿＿＿。

二、选择题

1. CSS 样式选择器的类型有（　　）。
   A．标签、类、文本　　　　　　　B．类、标签、图像
   C．类、标签、高级　　　　　　　D．Flash、类、ID
2. CSS 利用什么 XHTML 标记构建网页布局？（　　）
   A．\<dir>　　　　B．\<div>　　　　C．\<dis>　　　　D．\<dif>
3. 下列选项中不属于 CSS 文本属性的是（　　）。
   A．font-size　　　　　　　　　　B．text-transform
   C．text-align　　　　　　　　　　D．line-height
4. 下列哪一项是 CSS 正确的语法构成？（　　）
   A．body:color=black　　　　　　B．{body;color:black}
   C．body {color: black;}　　　　　D．{body:color=black(body}

三、简答题

CSS 引入的方式有哪些？

第 7 章　站点的发布与推广

一个站点在本地设计并制作完成后，需要把这个站点上传到具有 Web 服务器功能的主机上才可以被浏览者浏览。我们把这一过程称作站点的发布。

网站推广就是以国际互联网为基础，利用 nnt 流量的信息和网络媒体的交互性来辅助营销目标实现的一种新型的市场营销方式。当前传播常见的推广方式主要是：百度推广、谷歌推广、搜搜推广、买广告之类的方式。免费网站推广包括：SEO 优化网站内容或构架提升网站在搜索引擎的排名，在论坛、微博、博客、微信等平台发布信息，在其他热门平台发布网站外部链接等。

7.1　测试站点

测试站点指的是当一个网站制作完上传到服务器之后针对网站的各项性能情况的一项检测工作。它与软件测试有一定的区别，其除了要求外观的一致性以外，还要求其在各个浏览器下的兼容性，以及在不同环境下的显示差异。通常包括本地测试和 Web 测试两个过程。

7.1.1　浏览器的兼容性

随着互联网的迅猛发展，HTML 也在不断升级，增加了更多的标记和功能。因此，浏览器要支持 HTML 的新功能，版本也必须不断升级。问题是，浏览器版本众多，由于种种原因很多用户没有使用最新版本的浏览器，所以设计的网页必须能同时兼顾多种浏览器。让所有的浏览器都能正确浏览页面是不可能的，我们只要保证尽可能多的浏览器版本能兼容网页就可以了。但是，设计的时候只能针对某一浏览器，因此，设计完站点后与目标浏览器的兼容测试就显得非常重要了。

（1）检查浏览器的兼容性。

设置要测试的目标浏览器，执行"窗口"→"结果"→"浏览器兼容性"命令，调出浏览器兼容属性设置区域，如图 7-1、图 7-2 所示。

打开站点中的一个网页，单击"文档"工具栏中的"目标浏览器检查"按钮，在弹出菜单中选择"设置"命令，弹出"目标浏览器"对话框。选择要检查的浏览器及其版本，选择完毕，单击"确定"按钮，完成要测试的目标浏览器的设置，如图 7-3 所示。

（2）检查目标浏览器的另一种方式。

如图 7-4 所示，选择"文件"→"检查页"→"浏览器兼容性"命令，显示"结果"面板组中的"目标浏览器检查"面板，其中显示错误信息。

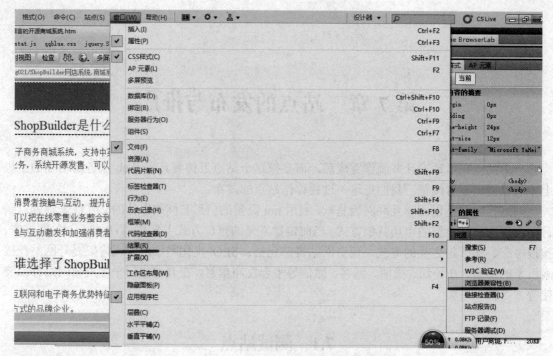

图 7-1   调出浏览器兼容性设置区域的菜单命令

图 7-2   使用浏览器兼容性进行文档检测

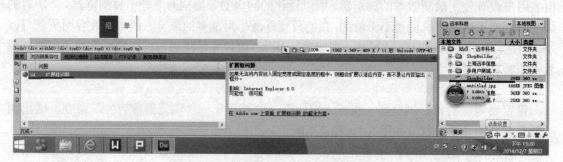

图 7-3   使用浏览器兼容性检测结果页

7.1.2   链接的测试

检查页面和站点内的链接。

（1）选择"文件"→"检查页"→"链接"命令，检查结果将显示在"结果"面板组的

"链接检查器"面板中，列表中列出的是断开的链接。在"显示"下拉列表框中可以选择要检查的链接类型，如图 7-5、图 7-6、图 7-7 所示。

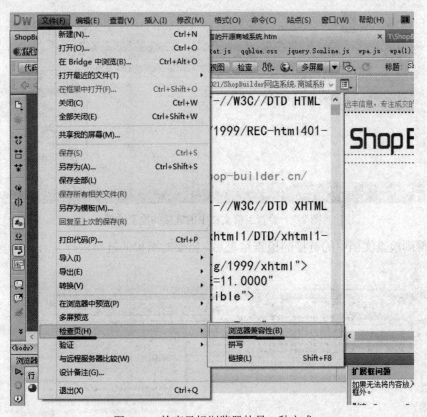

图 7-4　检查目标浏览器的另一种方式

图 7-5　"链接检查器"标签

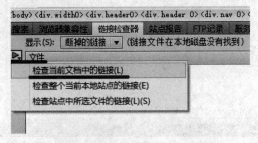

图 7-6　检查当前文档中的链接

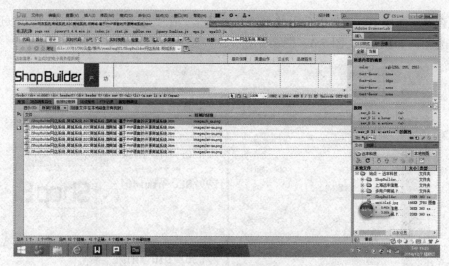

图 7-7　检查当前文档中的链接的检查结果

（2）得到检查文档中的链接的检查结果后，需要对断掉的链接进行及时的修复，如图 7-8
所示。

图 7-8　修复断掉的链接

（3）生成站点报告，如图 7-9 所示。

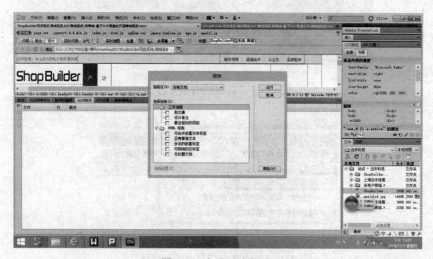

图 7-9　生成站点报告

7.2　发布网站

网页制作完毕，要发布到 Web 服务器上，才能够让互联网上的朋友观看。有些主页空间支持在线 Web 上传，也可以使用专门的 FTP 软件上传网站，如 CuteFTP、LeapFTP 等。而 Dreamweaver 也自带有 FTP 功能，可以很方便地把网站发布到服务器上。可以通过以下几种方式获取网站空间。

（1）购置自己的服务器。购置自己的 Web 服务器，将网页内容上传到服务器上，并选择好的 ISP 服务提供商，将 Web 服务器接入互联网。

（2）租用专用服务器。租用一个服务器为自己专用，自己有完全的管理权和控制权。但因其租用费用较高，所以个人一般不使用这种服务。

（3）使用虚拟主机。虚拟主机也称虚拟服务器，它是指使用特殊的软硬件技术，把一台 Internet 上的服务器主机分成多个"虚拟"的主机，供多个用户共同使用，以此降低建站成本与维护费用。每一个虚拟主机都具有独立的域名和完整的 WWW、FTP、E-mail 等功能，相互之间完全独立，互不干扰，用户可以自行管理各自的虚拟主机。

（4）免费的个人主页。对一些个人小网站的站长来说，在网上建一个"家"往往出于兴趣爱好或交朋结友，对网站的访问量和功能并无太高要求，因此可以优先选择申请免费的个人主页空间。通常，免费的个人主页空间会提供给用户一个二级域名。

在 Dreamweaver CS5.5 中配置好远程信息后，就可以将本地站点上传到远程服务器上供别人浏览了。Dreamweaver CS5.5 默认的是将整个站点上传，如果用户只想上传某些文件，选中这些文件，再单击"上传文件"按钮即可。站点发布的时间长短与站点的大小有关，站点内容越多，上传时所需的时间就越长。

如图 7-10 所示，调出"服务器调试"标签。

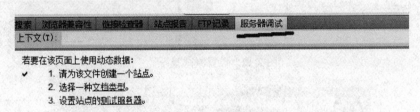

图 7-10　调出"服务器调试"标签

为该文件创建一个站点，如图 7-11 所示。

点击"+"号，设置站点的测试服务器，如图 7-12 所示。

在"站点设置"对话框中完成相关参数的设置，包括 FTP 地址、用户名、密码等远程服务器资料，如图 7-13 所示。

如图 7-14 所示，点击图中的向上按钮，便可以把已经完成的本地站点上传到远程服务器了。

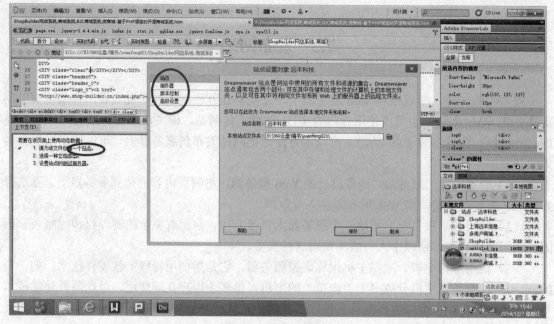

图 7-11　创建站点

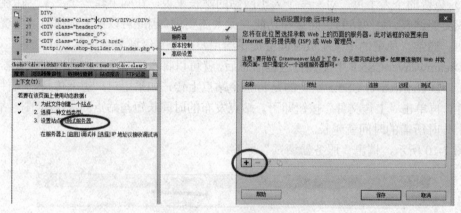

图 7-12　设置测试服务器

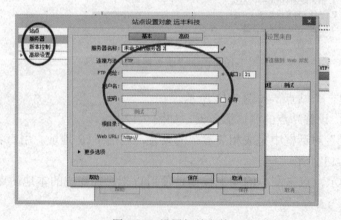

图 7-13　设置相关参数

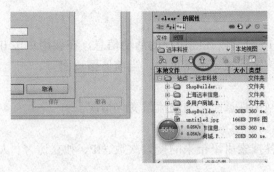

图 7-14　上传本地站点至服务器

7.3　网站的运营与维护

7.3.1　网站访问统计

1. 网站访问统计的目的

（1）网站访问统计信息可以为服务器选购提供依据。

（2）网站访问统计信息可以了解网站的运营情况和效果。

（3）网站访问统计信息可以了解访问者信息，为改进网站的设计提供依据。

2. 提供网站访问统计服务的站点

（1）数据专家。

阿里妈妈旗下 CNZZ（http://www.cnzz.com）是全球最大的中文互联网数据统计分析服务提供商，为中文网站及中小企业提供专业、权威、独立的数据统计与分析服务。目前累计超过 500 万家网站采用了 CNZZ 提供的流量统计服务，一周覆盖 90%以上的上网用户。

数据专家是目前国内站长使用最多的网站流量系统，为个人站长提供安全、可靠、公正的第三方网站访问免费统计，是站长们每日必看的流量统计分析工具。通过 CNZZ 站长统计，站长可以随时知道自己网站的被访问情况，每天多少人看了哪些网页，新访客的来源是哪里，网站的用户分布在什么地区等非常有价值的信息数据。站长们根据 CNZZ 站长统计，可以一目了然地及时知道自己的网站的访问情况，及时调整自己的页面内容、推广方式，以及对自己网站的调整做出客观公正的评测。

（2）我要啦。

我要啦（http://www.51.la）是一款面向网站站长提供免费的、功能完善的、人性化的网站流量统计分析服务的统计程序。

"我要啦"2005 版从阿江统计 2.2 基础上经过向 SQL 数据库迁移并经过存储过程优化产生，增加了便捷的用户管理接口。2006 版则以新的设计思路重新编写，效率和功能都有激动人心的增强。

"我要啦"免费统计全部服务器安放于位于洛阳电信的"我要啦"数据中心，全面采用华为三层交换设备，24 小时职守人员更由"我要啦"直接委派。

3. 网站访问统计的内容

主要的统计内容如下。

（1）在线情况。

当前在线为您提供 15 分钟内在线用户的活动信息，在线用户按 IP 计算。

包括：来访时间、访客地域、来路页面、当前停留页面等。

（2）时段分析。

时段分析为您提供网站任意时间内的流量变化情况。

（3）搜索引擎分析。

搜索引擎为您提供各搜索引擎带来的搜索次数、IP、独立访客、人均搜索次数、页面停留时间等数据。

（4）访客情况。

统计访问者计算机的信息。

4．网站访问统计功能的使用

（1）进入网站注册。

（2）在账户中添加站点。

（3）获取统计代码，粘贴到网站页面中。

7.3.2　搜索引擎收录

1．搜索引擎收录的目的

只有各大搜索引擎收录你的网站信息，用户才能访问到你网站的内容。所以为了提高网站的知名度、提高访问量，宣传自己的网站，必须把你的网站向各大搜索引擎提交，使得搜索引擎能够收录你的网站。

2．收录方法

提交收录：通过向搜索引擎提交网址让搜索引擎收录，如：www.webmasterhome.cn。

自动收录：各大搜索引擎通过对互联网上的站点进行检索，自动收录被检索到的网站及其相关内容。

3．收录数量查询

（1）通过搜索引擎来查询：Site:+网址

（2）通过相关搜索查询网站收录数：www.webmasterhome.cn

4．反向链接查询

指一个网站被其他网站链接。搜索引擎通常会根据一个网站被其他网站链接的数量和质量来决定网站在搜索结果中的排名。

（1）通过搜索引擎来查询：link:+网址

（2）通过相关搜索查询网站收录数：www.webmasterhome.cn

7.3.3　SEO 简介

1．搜索引擎与搜索引擎优化

搜索引擎（search engine）是指根据一定的策略、运用特定的计算机程序搜集互联网上的信息，在对信息进行组织和处理后，并将处理后的信息显示给用户，是为用户提供检索服务的系统。

SEO，汉译为搜索引擎优化，为近年来较为流行的网络营销方式，主要目的是增加特定关键字的曝光率以增加网站的能见度，进而增加销售的机会。也就是说我们使用一些技巧，让你的网站在搜索引擎的相关搜索中排在前面。简单地说，设计网站时我们可以通过搜索引擎优化，使得你的网站在相关关键字搜索中排名靠前。

2．搜索引擎工作原理

（1）抓取网页。

每个独立的搜索引擎都有自己的网页抓取程序（spider）。Spider 顺着网页中的超链接，连续地抓取网页。被抓取的网页被称之为网页快照。由于互联网中超链接的应用很普遍，理论上，从一定范围的网页出发，就能搜集到绝大多数的网页。

（2）处理网页。

搜索引擎抓到网页后，还要做大量的预处理工作，才能提供检索服务。其中，最重要的就是提取关键词，建立索引文件。其他还包括去除重复网页、分词（中文）、判断网页类型、分析超链接、计算网页的重要度/丰富度等。

（3）提供检索服务。

用户输入关键词进行检索，搜索引擎从索引数据库中找到匹配该关键词的网页。

3．付费排名

也叫做竞价排名，通过向搜索引擎交纳一定费用，使您的网址在某个关键字搜索上排名靠前。国内比较常用的是百度竞价排名，通过这种服务用户可以自定义自己指定关键字在百度搜索结果页中的排名，从而让特定浏览者快速找到推广的站点及页面。

7.3.4　SEO 的方法和策略

随着搜索引擎技术的不断成熟，一个网站要想获得较好的排名就要按照搜索引擎的原则进行设计。以便网站更容易被搜索引擎收录，并且获得很好的排名。

下面从网站的域名、网站的空间、网站价格、网站架构及以及网页等方面，讲解如何优化这些元素，让网站在搜索排名更靠前。

1．选择搜索引擎喜欢的域名

（1）选择后缀权重高的域名。

Edu，gov，org 的域名在搜索引擎的权重比一般的域名高，.com 的国际域名的权重也较高。

（2）起一个合适的域名。

为了使域名方便好记，易于理解，我们通常起域名遵循以下原则：长度较短，简明易记；能表示网站的内容主题；可以使用英文或汉语拼音的缩写。比如：www.163.com，www.sohu.com，www.yuanfeng021.com 等。

2．选择搜索引擎喜欢的空间

一般来讲选择网站空间较快和运行稳定的空间是非常必要的。对于网站空间的运行速度和运行情况可以使用第三方测速和检测工具来测试。如下所示。

网站测速工具：

● www.linkwan.com

● http://www.linkwan.com/gb/broadmeter/

网站监测系统：

● www.365uptime.com 或者使用监测软件 WebKeeper

3. 选择搜索引擎喜欢的网站框架

（1）使用 DIV+CSS 来设计符合 W3C 标准的网站。

（2）网站使用表格进行布局时不要使用太多的表格嵌套。

（3）网站的文件目录不要设置得太深。

4. 选择搜索引擎喜欢的标签

给网页添加"描述"和"关键字"。网页的描述和关键字方便人们知道该网站的主要栏目和内容，使得浏览者对我们的网站一目了然。更重要的是，合适的描述和关键字可以使我们的网站更容易被百度、谷歌等知名搜索引擎收录，如此一来我们的网站就很容易被大众所找到。

例如在网页中添加：

<meta name="description" content="河南农业大学(http://www.henau.edu.cn)，主要培养生命科学类、农学类、覆盖农、工、理、经、管、法、文、医、教、艺 10 大学科门类的综合性农业大学。！" />

<meta name="keywords" content="河南农业大学,www.henau.edu.cn,重点大学, 农学人才"/>

参见一个信息技术公司的描述和关键字的写法，如图 7-15 所示。

```
5  <title>上海远丰信息科技有限公司-专业电子商务服务提供商</title>
6  <meta name="keywords" content="远丰，网站开发制作，手机应用开发，b2b软件系统，网店系统，电
   子商务软件，多用户商城系统 ">
7  <meta name="description" content="专注于电子商务软件的研发及相关解决方案与服务的提供，电子
   商务软件产品和专业的网店系统，引领中国电子商务行业技术的发展方向 ">
8  <script type="text/javascript" src="./上海远丰信息科技有限公司-专业电子商务服务提供商
   _files/jquery-1.4.4.min.js"></script>
9  <link href="./上海远丰信息科技有限公司-专业电子商务服务提供商_files/page.css" rel=
   "stylesheet" type="text/css">
0  <link rel="Shortcut Icon" href="http://www.yuanfeng021.com/favicon.ico">
1  </head>
```

图 7-15 在网页中添加描述和关键字

5. 搜索引擎优化的内容和链接策略

（1）网站内容要和网站主题协调。

（2）网站的内容要定期更新。

（3）网站要制作原创的内容。

（4）与其他网站建立友情链接。

（5）在其他网络媒体发表包含网站地址的文章。

7.4 网站的推广与优化

7.4.1 网站优化与推广的基本理论

网络推广与优化是指以互联网为主要手段，依据现代市场竞争环境，结合企业发展现状，通过一定的方式或方法对商品、服务甚至是人进行一定的宣传和推广，制定与企业自身发展相适应的推广计划，从而达到一定营销目的的推广与优化活动。

7.4.2 网站优化与推广的方法

网站推广方法多种多样，一般而言，网站推广与优化的常用方法主要有以下几种。

（1）搜索引擎营销网站推广与优化。

搜索引擎营销推广（Search Engine Marking，SEM）是指利用搜索引擎、分类目录等具有在线检索信息功能的网络工具尽可能将营销信息传递给目标用户的一种网站的优化和推广的方法。

（2）电子邮件网站推广与优化。

电子邮件推广是指在用户事先许可的前提下，通过电子邮件的方式向用户发送产品服务信息以及其他促销信息的网站的优化和推广营销手段。

（3）热点事件营销网站推广与优化。

热点事件营销是指通过最近发生的，具有一定影响力的，能够吸引人关注的，具有代表性意义的事件进行营销推广优化活动。

（4）病毒性营销网站推广与优化。

病毒性营销并非真的以传播病毒的方式开展营销，而是通过用户的口碑宣传网络，使信息像病毒一样传播和扩散，从而达到网站的优化和推广营销目的。

（5）博客营销网站推广与优化。

博客营销主要利用博客这种网络应用形式的交互性平台，发布更新企业或产品信息，向用户传递有价值的信息并密切关注及时回复平台上客户的疑问，从而达到网站的优化和推广营销目的的经营活动。

7.4.3　网站优化与推广的步骤

（1）制定合理的网站的优化和推广计划。网站的优化和推广是各种推广手法的综合和杂糅，有步骤有目的地开展工作，可以避免重复建设和造成多余时间和精力的浪费，可以起到良好的网络推广与优化效果。

（2）网站的优化和推广是在网站正式发布之前就已经开始进行的，尤其是针对搜索引擎的优化工作，在网站设计阶段就应考虑到推广的需要，并做必要的优化设计。

（3）网站的优化和推广的实施。运用各种不同的网站推广方法进行企业产品、网站等进行推广，同时，通过网络推广阶段中的摸索，找到更多适合网站自身的独特推广与优化的方法。

（4）进行有效地跟踪和控制。在网站的优化和推广评价方法中，最为重要的一项指标是网站的访问量，访问量的变化情况基本上反映了网站的优化和推广策略的成效，因此网站访问统计分析报告对网站的优化和推广的成功具有至关重要的作用。

本章小结

本章从测试站点、发布站点、网站的运营与维护及网站的推广与优化几个方面来介绍网页设计的基本知识。测试站点主要介绍了浏览器的兼容性、链接测试等内容，事实上测试站点的内容并非仅仅局限于本教材所提到的。例如网页中文字图片的校对、整体效果评价等都可以在测试阶段进行，发布站点主要介绍的是如何把本地站点上传到具有互联网 Web 服务功能的主机上，互联网也有可以把本地电脑设置成一台 Web 服务器的集成软件，将会在下一章具体介绍。网站的运营和维护是一个网站建设成功之后最重要的工作，包括网站的访问统计、搜索收录情况、搜索引擎的基本知识。网络推广与优化是指以互联网为主要手段，依据现代市场竞争环境，结合企业发展现状，通过一定的方式或方法对商品、服务甚至是人进行一定的宣传和推广，从而达到一定营销目的的推广与优化活动，本章介绍的一些方法和手段相应的推广站点可以根据特定情况进行配置选用。

习题 7

一、选择题

1. 制作编号列表，需使用（　　）标签。
   - A．<p>和</p>
   - B．<ul>、</ul>和<li>
   - C．<dl>、</dl>和<li>
   - D．<ol>、</ol>和<li>

2. （　　）指的是站点的整体形象给浏览者的综合感受。
   - A．风格
   - B．布局
   - C．CI 形象
   - D．栏目

3. 在 Dreamweaver CS5.5 中创建本地站点是在（　　）中完成的。
   - A．插入栏
   - B．属性检查器
   - C．行为面板
   - D．站点面板

4. JavaScript 的特点不包括（　　）。
   - A．支持类和继承
   - B．支持动态网页
   - C．简单易学
   - D．基于对象

5. 在设置超级链接时，如果希望在一个新浏览器窗口中载入所链接的文档，则设置链接的 target 属性值为（　　）。
   - A．_parent
   - B．_self
   - C．_top
   - D．_blank

6. 在新建 CSS 样式时，选择（　　）类型用于控制文档中的文本样式。
   - A．重定义 HTML 标签
   - B．自定义 CSS 样式
   - C．使用 CSS 选择器
   - D．HTML 样式

7. 条件表达式(year>=25)? "teacher": "student"的意义是（　　）。
   - A．如果 year 大于或等于 25，则表达式的值是 teacher，否则为 student
   - B．如果 year 大于或等于 25，则表达式的值是 student，否则为 teacher
   - C．如果 year 大于 25，则表达式的值是 teacher，否则为 student
   - D．如果 year 小于或等于 25，则表达式的值是 teacher，否则为 student

8. 下面代码的运行结果是（　　）。
```
<script language="JavaScript" type="text/JavaScript">
var my_array=new Array()
for (i=5;i<=10;i++){
my_array[i]=i
document.write(my_array[i]+"<br>")
}
</script>
```

A．在页面分行显示数字 5 至 9　　　　B．在页面分行显示数字 5 至 10

C．在页面一行显示数字 5 至 9　　　　D．在页面什么也不显示

9．下面代码的运行结果是（　　）。

```
<script language="JavaScript" type="text/JavaScript">
str="hello world"
document.write(str.substring(7,3))
</script>
```

A．w ol　　　　　　　　　　　B．wol

C．lo w　　　　　　　　　　　D．low

10．定义一个行为，当鼠标移动到文字链接上显示一个隐藏层，应该选择（　　）事件。

A．onClick　　　　　　　　　　B．onDblClick

C．onMouseOver　　　　　　　　D．onMouseOut

11．在时间轴面板中定义动画时，选中"自动播放"，则（　　）。

A．单击页面时即自动播放时间轴中的动画

B．鼠标在页面上移动时即自动播放时间轴中的动画

C．页面上的时间轴中的动画自动循环播放

D．页面在载入浏览器时即自动播放时间轴中的动画

12．网站目录结构的好坏对（　　）有重要影响。

A．浏览网站中的网页　　　　　　B．页面的布局设计

C．网站的 CI 形象　　　　　　　D．网站本身的维护

二、思考题

1．给你一个新网站，你如何对网站进行链接建设？请分阶段写出你的链接建设计划，直到网站关键词有稳定排名。

2．首页采用 Flash 的方式为什么不利于 SEO？

3．竞价排名与 SEO 的投入收益对比分析。

4．如果每个站都做 SEO 了，那时怎么办？

第 8 章　网站制作实例

本章主要介绍本地服务器的配置、一个完整静态站点的制作过程，通过本章个人站点制作过程的学习可以系统全面地回顾本教材所讲解的静态网页设计与制作的基本知识，并学会系统使用。有关服务器的配置及使用可以扩大学习者的视野，也可以从中了解到一个网站制作过程是非常复杂且涉及技术领域较多。本课程主要讲解了静态网页设计与制作的基本知识，学习者若想完全构建一个功能强大且全面的网站，建议继续学习动态网站的制作与设计课程。推荐继续学习 PHP 动态网页制作技术、Photoshop 图片处理技术等相关课程。

8.1　配置服务器

8.1.1　AppServ

AppServ 是 PHP 网页架站工具组合包，将一些网络上免费的架站资源重新包装成单一的安装程序，以方便初学者快速完成架站，AppServ 所包含的软件有：Apache、Apache Monitor、PHP、MySQL、phpMyAdmin 等，能够帮助使用者迅速地在本地构建自己的 Web 服务器、数据库服务器等。如果您的本地机器没有安装过 Apache、PHP、MySQL 等系统，那么用这个软件则可以让你迅速搭建完整的底层环境。

8.1.2　AppServ 的安装过程

（1）上网下载 AppServ Windows 安装包，技术支持网站为：http://www.elab-builder.com。

（2）点击 AppServ 安装程序，根据提示一步一步操作下去即可，如图 8-1 所示。

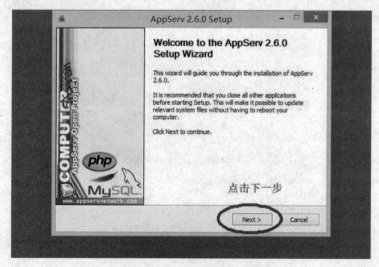

图 8-1　开启欢迎安装界面

在约束条款页点击"同意"，如图 8-2 所示。

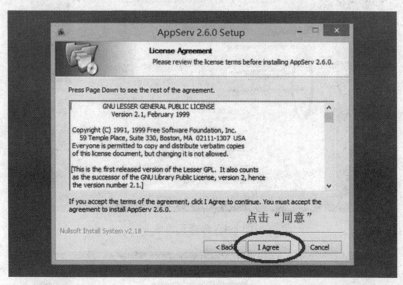

图 8-2　开启约束条款页

（3）选择 AppServ 的安装目录，选择你要安装的目录，以方便管理，如图 8-3 所示。

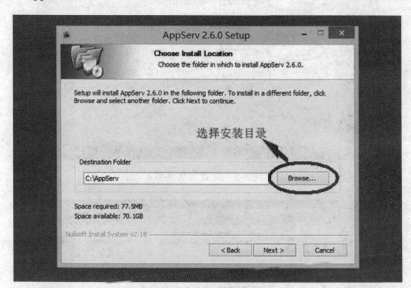

图 8-3　选择安装目录

（4）全部选中，点击"下一步"，继续安装 AppServ，如图 8-4 所示。

（5）配置 Apache 中的 Server Name、Email 以及 HTTP 服务的端口，Server Name 一般设置为 localhost 或者 127.0.0.1，默认端口为 80，如果 80 端口已有其他服务，则需要修改 HTTP 的服务端口，比如 8080，如图 8-5 所示。

（6）配置 AppServ 中的 MySQL 服务用户名和密码 MySQL 服务数据库的默认管理帐户为 root，默认字符集为 UTF-8，可根据需要自行修改相关的字符集编码，一般英文 UTF-8 比较通用。中文 GBK 比较常用，如图 8-6 所示。

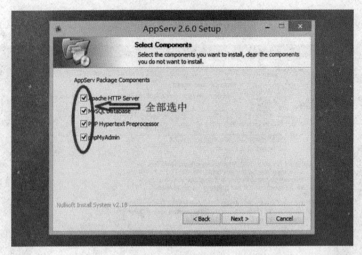

图 8-4　选择安装包

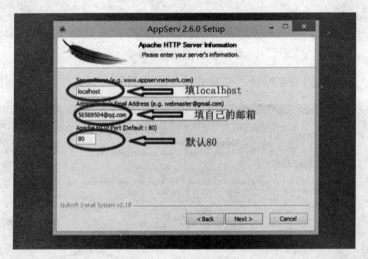

图 8-5　配置安装参数

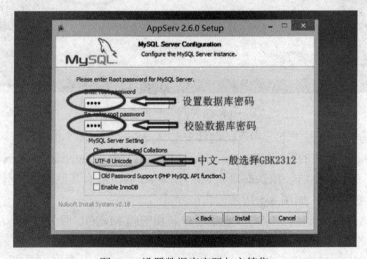

图 8-6　设置数据库密码与字符集

（7）点击"下一步"后开始自动安装 AppServ，如图 8-7 所示。最后点击 Finish，AppServ 会自动启动 Apache 和 MySQL 服务，如图 8-8 所示，建议开机时自动启动，笔者在测试时没有选择开机自动启动 AppServ，导致时常 AppServ 无法运行，每次都需要手工启动。

图 8-7　安装进行

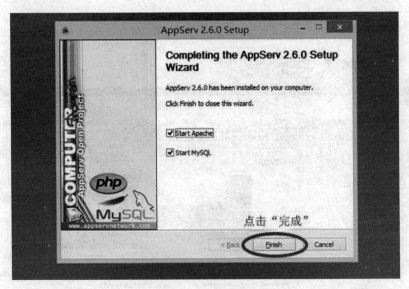

图 8-8　完成并启动

（8）测试 AppServ 是否安装配置成功。在浏览器中输入 http://localhost，即可看到图 8-9 所示，说明 AppServ 安装成功了。

注意：安装位置以默认的 C 盘为例。

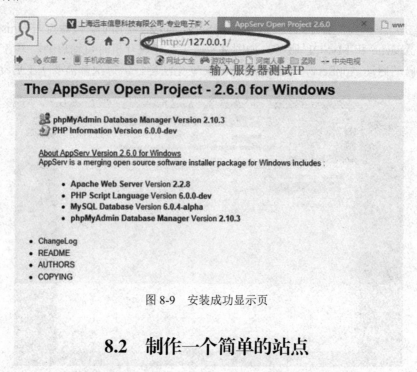

图 8-9　安装成功显示页

8.2　制作一个简单的站点

8.2.1　创建页面——心灵品管

本页面主要应用嵌套的框架，最终效果如图 8-10 所示。

图 8-10　心灵品管首页

1. 制作页面 8-2-1.htm

（1）创建基本页空白文档 8-2-1.htm，如图 8-11 所示。

（2）在页面属性中设置背景图像，并设置上下左右边距均为 0，如图 8-12 所示。

在"分类"列表框中选择"链接"，在右侧区域设置链接颜色，如图 8-13 所示。

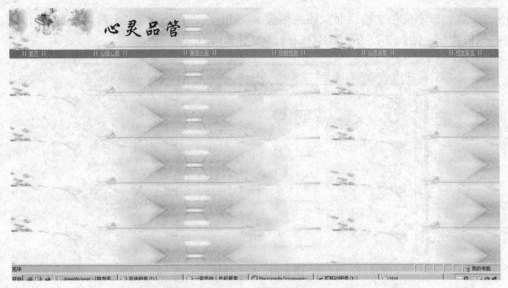

图 8-11　设置空白文档

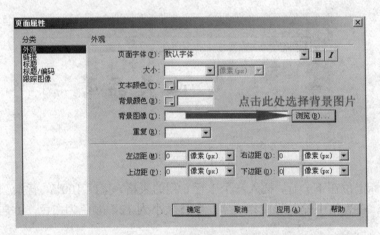

图 8-12　设置页面属性外观

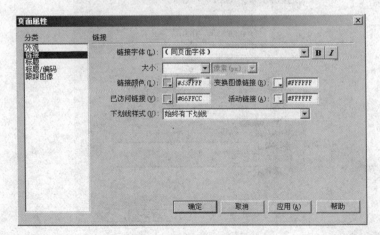

图 8-13　设置页面属性链接

（3）将光标定位在文档顶部，插入图像 8-25.jpg，设置图像宽 75 像素，高 72 像素。在图像右侧依次插入图像 8-26.jpg 和 8-25.jpg，如图 8-14 所示。

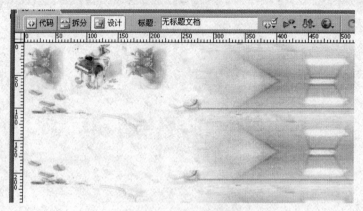

图 8-14　插入图像

（4）在图像右侧插入文字"心灵品管"，字体为华文行楷，大小为 50，如图 8-15 所示。

图 8-15　插入文字

（5）将光标定位在下一行，插入一个 1 行 6 列的表格，宽度 100%，背景颜色为#0099FF，如图 8-16 所示。在表格中输入导航栏文字，字体大小为 12，颜色为白色，并居中显示，如图 8-17 所示。

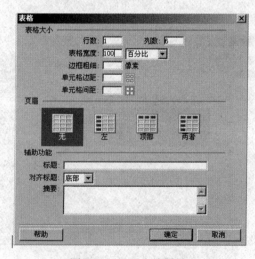

图 8-16　设置表格属性

图 8-17　在表格中输入文字

2. 制作页面 8-2-2.htm

（1）创建基本页空白文档 8-2-2.htm，如图 8-18 所示。

图 8-18　创建基本页

（2）将页面属性的背景颜色设置为#B6E0EC，如图 8-19 所示。设置页面属性的链接颜色，并设为"仅在变换图像时显示下划线"，如图 8-20 所示。

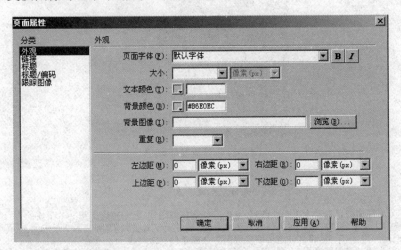

图 8-19　设置页面属性外观

（3）将光标定位在文档顶部，插入一个 11 行 1 列的表格，宽度 70%。输入文字颜色为 #3366FF。表格内文字内容请自行决定，如图 8-21 所示。

3. 制作页面 8-2-3.htm

（1）设置背景颜色为#F2F6E8，输入文字。文字内容根据 8-2-2.htm 表格中第一栏的内容而定。

（2）如图 8-22 所示，文字结束后下方输入"返回"字样。（超级链接将在后期设置。）

（3）用同样的方法制作 8-2-4.htm，效果如图 8-23 所示。

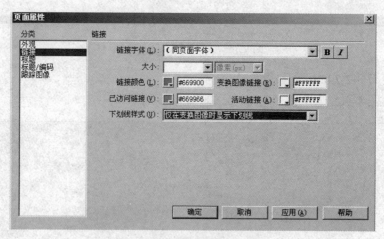

页面属性
分类
外观
链接
标题
标题/编码
跟踪图像
链接
链接字体(L): (同页面字体)
大小:
像素(px)
链接颜色(L): #669900
变换图像链接(R): #FFFFFF
已访问链接(V): #669966
活动链接(A): #FFFFFF
下划线样式(U): 仅在变换图像时显示下划线
确定
取消
应用(A)
帮助

图 8-20 设置页面属性链接

【大话人造美女】
【生命珍宝】
【生命的灯】
【恒久的爱】
【爱与行动】
【行善】
【春夜】
【感悟】
【桥】
【家】
【烟】

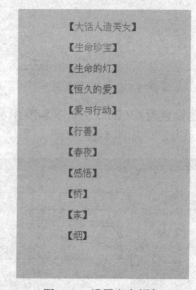

图 8-21 设置文字颜色

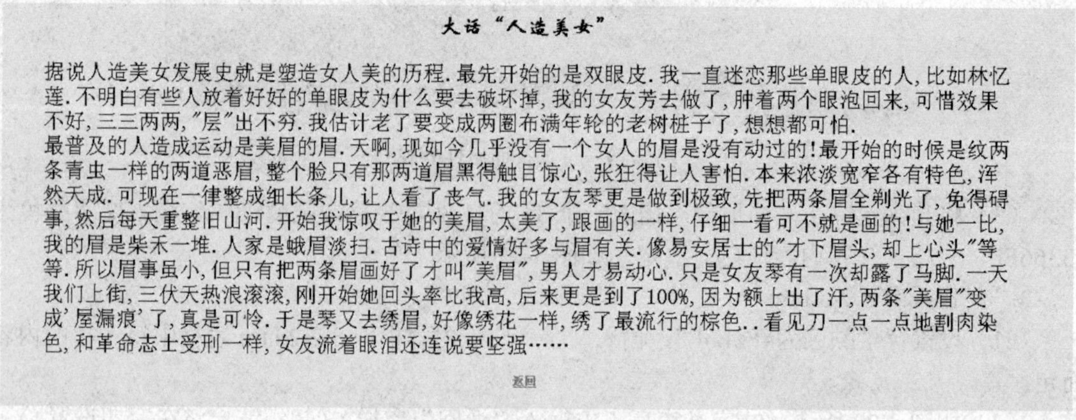

大话“人造美女”
据说人造美女发展史就是塑造女人美的历程.最先开始的是双眼皮.我一直迷恋那些单眼皮的人,比如林忆莲.不明白有些人放着好好的单眼皮为什么要去破坏掉,我的女友芳去做了,肿着两个眼泡回来,可惜效果不好,三三两两,"层"出不穷.我估计老了要变成两圈布满年轮的老树桩子了,想想都可怕.
最普及的人造成运动是美眉的眉.天啊,现如今几乎没有一个女人的眉是没有动过的!最开始的时候是纹两条青虫一样的两道恶眉,整个脸只有那两道眉黑得触目惊心,张狂得让人害怕.本来浓淡宽窄各有特色,浑然天成.可现在一律整成细长条儿,让人看了丧气.我的女友琴更是做到极致,先把两条眉全剃光了,免得碍事,然后每天重整旧山河.开始我惊叹于她的美眉,太美了,跟画的一样,仔细一看可不就是画的!与她一比,我的眉是柴禾一堆.人家是蛾眉淡扫.古诗中的爱情好多与眉有关.像易安居士的"才下眉头,却上心头"等等.所以眉事虽小,但只有把两条眉画好了才叫"美眉",男人才易动心.只是女友琴有一次却露了马脚.一天我们上街,三伏天热浪滚滚,刚开始她回头率比我高,后来更是到了100%,因为额上出了汗,两条"美眉"变成'屋漏痕'了,真是可怜.于是琴又去绣眉,好像绣花一样,绣了最流行的棕色..看见刀一点一点地割肉染色,和革命志士受刑一样,女友流着眼泪还连说要坚强……
返回

图 8-22 制作链接页“大话人造美女”

图 8-23　制作链接页"生命珍宝"

4. 制作页面 8-2-5.htm

与制作 8-2-1.htm 的方法相同，设置好页面属性后，插入库元素即可，如图 8-24 所示。

本页面最佳效果浏览方式：1024×768分辨率，较小字体，IE5.0以上或者相当版本的浏览器。

心慧空间　版权所有

图 8-24　插入库元素

5. 制作页面 8-2.htm

（1）新建基本空白页 8-2.htm。

（2）执行"插入"→"HTML"→"框架"→"上方"和"下方"命令，如图 8-25 所示。

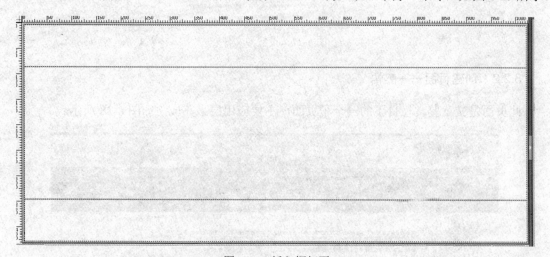

图 8-25　插入框架页

（3）将光标定位在框架中间位置，插入一个左方的嵌套框架，如图 8-26 所示。

（4）将光标定位在顶部框架，选中，在属性面板的源文件中输入 8-2-1.htm。依次选中左侧、右侧和底部框架，设置源文件为 8-2-2.htm，8-2-3.htm，8-2-5.htm，如图 8-27 所示。

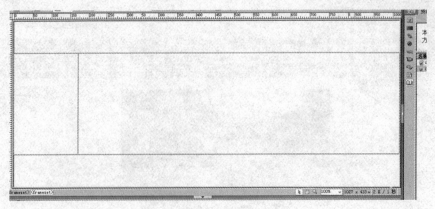

图 8-26 嵌套框架

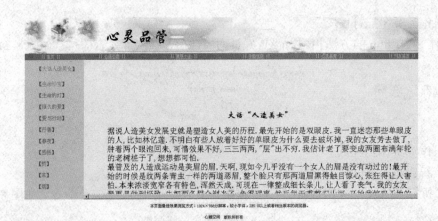

图 8-27 设置源文件

8.2.2 创建页面——感悟

此页面是文章鉴赏栏目下的一个子页面，主要应用层来完成，如图 8-28 所示。

图 8-28 子页面

此处只介绍该网页的制作，其他网页的制作可以自由设计。

（1）使用模板文件 index.dwt 创建新页面 8-6.htm。

（2）将光标定位在 EditRegion3 所在表格的第 1 行单元格中，设置背景图像为 8-2.jpg，单元格高为 75 像素，如图 8-29 所示。

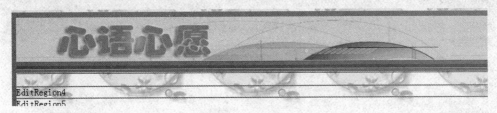

图 8-29　使用模板

（3）插入图像 8-12.gif，设置为右对齐，如图 8-30 所示。

图 8-30　插入图像

（4）将光标定位在第 3 行中输入导航栏文字，样式为 CS1，如图 8-31 所示。

图 8-31　输入导航栏文字

（5）将光标定位在第 4 行单元格中，设定背景图像为 8-39.jpg，单元格高为 60 像素。插入图像 8-38.jpg，宽为 53 像素，高为 70 像素，对齐为绝对居中，如图 8-32 所示。

图 8-32　设置背景图像

（6）将光标放在图像右侧输入文字"文章鉴赏"，字体为华文新魏，大小为 36，颜色为白色，并居中对齐，如图 8-33 所示。

图 8-33　设置文字属性

（7）在文字右侧重复插入图像 8-38.jpg，设置如前，如图 8-34 所示。

图 8-34　插入图像

（8）将网页与模板分离。

（9）将光标定位在表格 1 第二行中，设置背景颜色为#FFFFFF，高为 400 像素。插入图像 8-31.jpg，高为 200 像素，宽为 120 像素，如图 8-35 所示。

图 8-35　设置背景颜色

（10）将光标定位在图像下一行，插入一个层，选中层，设置高为 30 像素，宽为 200 像素，调整至适当位置。用同样的方法再插入 4 个层，调整至适当位置，如图 8-36 所示。

（11）在 Layer1 中输入文字"大话"，字体为幼圆，大小为 18，居中对齐。下面的层中分别输入"感悟""独饮""春夜""乱弹"，同样设置字体样式，如图 8-37 所示。

（12）插入层，高为 340，宽为 615 像素，调整至适当位置。层的编号为 Layer6。在层中输入文字（文字内容自定），标题字体样式与 Layer1 中的"大话"相同，正文字体样式选择 CS3。将光标定位在文字下一行，插入图像 8-37.jpg，宽为 290 像素，高为 180 像素，居中对齐，如图 8-38 所示。

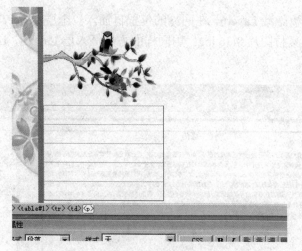

图 8-36 插入层

图 8-37 设置层中文字的字体

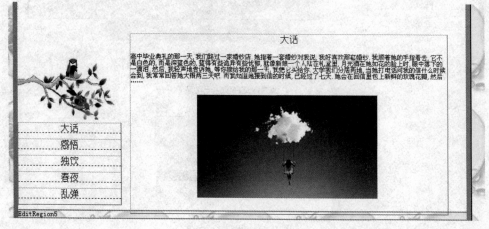

图 8-38 设置并调整层

（13）打开层面板隐藏 Layer6，在同样的位置再插入一个层 Layer7，大小与 Layer6 相同，同样输入文字，插入素材图片 8-36.jpg。用同样的方法插入层 Layer8，Layer9，Layer10，如图 8-39 所示。

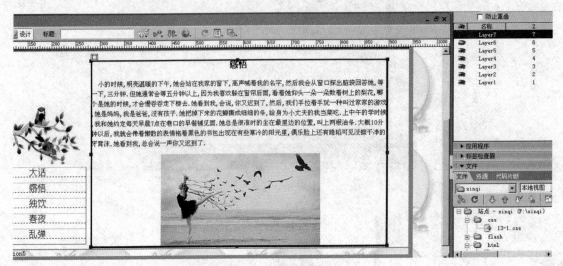

图 8-39　编辑层 Layer6

（14）为 Layer1 和 Layer2 设置行为，选中 Layer1，打开行为面板，单击"+"，在弹出的菜单中选择"显示-隐藏层"命令，在弹出的对话框设置 Layer6 为显示，Layer7～Layer10 为隐藏。在行为面板中将行为 onfocus 改为 onclick。如图 8-40、图 8-41 所示。

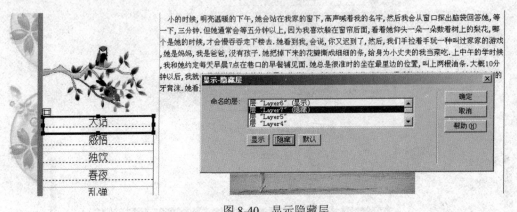

图 8-40　显示隐藏层

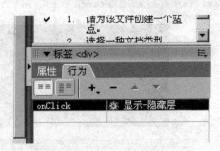

图 8-41　设置行为

（15）同样设置 Layer2 的行为，Layer7 为显示，Layer6、Layer8～Layer10 为隐藏。

（16）将光标定位在 Layer7 下方，插入图像 8-8.jpg，居中对齐，如图 8-42 所示。

图 8-42　插入图像

（17）将光标定位在表格 1 的第 3 行，插入库元素 8-1，如图 8-43 所示。

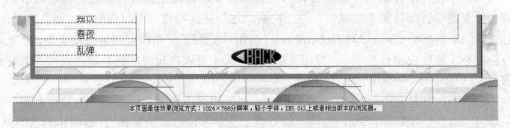

题 8-43　插入库元素

（18）用同样的方法为"独饮""春夜"乱弹"设置 Layer3，Layer4，Layer5 的行为。

8.2.3　设置链接

1. 设置首页链接

（1）打开 index.htm，为表格 2 第 3 行单元格中的文字设置链接。选中文字"首页"，在属性面板"链接"文本框中输入"#"，设置空链接。

（2）选中文字"心语心愿"，链接到页面 8-1.htm，用同样的方法设置其他链接。

（3）为左侧"本站导航"中的文字设置链接，与步骤（2）相同。

（4）为"文章鉴赏"设置链接。

2. 设置页面 8-1.htm 的链接

（1）将"首页"链接至 index.htm。将"心语心愿"设为空链接。其他依次和对应页面链接。

（2）选中对应内容，与 index.htm 进行链接。

（3）用相同的步骤设置 8-2.htm，8-3.htm，8-5.htm 中的链接。

3. 设置页面 8-2.htm 的链接

（1）首先设置 8-2-1.htm 中的链接。选中文字"心灵品管"设为空链接#，单击"目标"，选择列表中的_parent。

（2）选中文字"首页"链接到 index.htm，在目标中选择_parent。用同样的方法设置其他链接。

（3）设置页面 8-2-2.htm 的链接。将表格中的文字分别与对应页面链接。"目标"选择"mainframe"。

（4）设置页面 8-2-3.htm 的链接。选中文字"返回"链接到页面 index.htm，单击"目标"，选择列表中的_parent。用同样的方法设置页面 8-2-4.htm 的链接。

4. 设置页面 8-3.htm 的链接

（1）将导航栏文字与对应页面链接。

（2）选中"大话"设置为空链接#。其他用相同方法设置。

（3）选中图像 8-8.gif，与 index.htm 进行链接。

请同学们设计并制作本网站的任意 3 个子页面。要求风格一致，布局合理，内容充实，链接完整。

8.2.4　网站测试

1. 超级链接检查

通常一个站点制作下来，超级链接的项目非常多，链接出错的可能性也随之增多，单凭人力去检查这些链接显然非常麻烦。逐一页面，逐一链接检查，不仅效率低，而且容易出错，并且有些隐蔽链接会被疏忽掉。Dreamweaver 为用户提供了一个很好的链接检查器，让它帮助检查链接不仅速度快而且准确，利用超链接检查工具，可以在短时间内掌握站点内所有超链接的状态。

（1）执行"窗口"→"结果"菜单命令，打开结果面板，然后单击"链接检查器"选项卡，单击"检查链接"按钮▣，选择"检查整个当前本地站点的链接"。如图 8-44 所示。

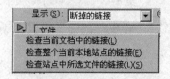

图 8-44　链接检查器

（2）在"显示"下拉列表框中选择要检查的链接方式，如图 8-45 所示。

其中各选项含义如下：

● 断掉的链接：用于检查文档中是否存在断开的链接。

● 外部链接：用于检查外部链接。

● 孤立文件：用于检查站点中是否存在孤立文件，即没有被任何链接所引用的文件。

▼结果　搜索　参考　验证　目标浏览器检查　链接检查器　站点报告　FTP记录　服务器调试	
显示(S)：断掉的链接　▼ (链接文件在本地磁盘没有找到)	
文件	断掉的链接
/CheckReg.asp	STYLE.CSS
/GetPassword.asp	Default.asp
/GetPassword.asp	Default.asp
/Ment.asp	reguser.asp
/News.asp	img/1x1_pix.gif
/News.asp	img/arrow_3.gif
总共 365 个，206 个HTML，186 个孤立文件。　总共 1920 个链接，1226 个正确，584 个断掉，110 个外部链接	

图 8-45　断掉的链接

（3）单击右侧"断掉的链接"，可以修改链接地址，如图 8-46 所示。单击左侧 按钮，可以把检查的超级链接结果以文件的形式保存起来。

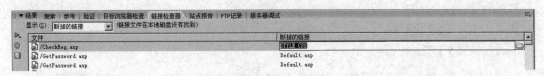

图 8-46　修改断掉的链接

2. 检查目标浏览器

（1）执行"窗口"→"结果"菜单命令，打开结果面板，然后单击"目标浏览器检查"选项卡，单击"检查目标浏览器"按钮 ，选择"设置"，在弹出的对话框中选择需要测试的浏览器及其版本。如图 8-47 所示。

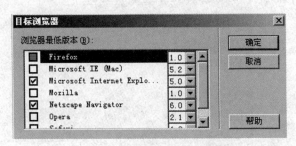

图 8-47　"目标浏览器"对话框

（2）单击"检查目标浏览器"按钮 ，选择"为当前文档检查目标浏览器"或者"检查整个当前本地站点的目标浏览器"，如图 8-48 所示。

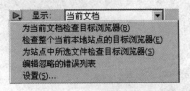

图 8-48　目标浏览器检查

（3）得到当前文档浏览器的检查报告，如图 8-49 所示，可以根据站点报告结果进行修正。

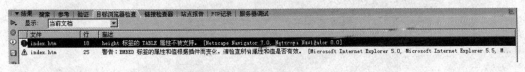

图 8-49　浏览器版本兼容性报告

3. 发布站点

根据前面的测试结果和测试报告修改好站点文件，并申请了网站空间后就可以对站点进行上传了。具体操作步骤如下：

（1）设置站点。执行"站点"→"管理站点"菜单命令，在打开的"管理站点"对话框的列表中选择要上传的站点名称，然后单击"编辑"按钮，打开"站点定义"对话框，如图8-50 所示，单击"高级"选项卡标签进行设置，如图 8-51 所示。

在其中进行如下设置：

链接方法：FTP。

FTP 地址：输入 FTP 上传地址。

登录：输入 FTP 上传帐号；

密码：输入 FTP 上传密码。

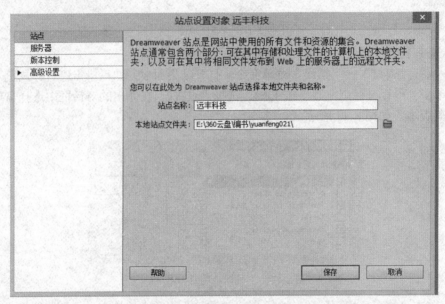

图 8-50　"站点定义"对话框

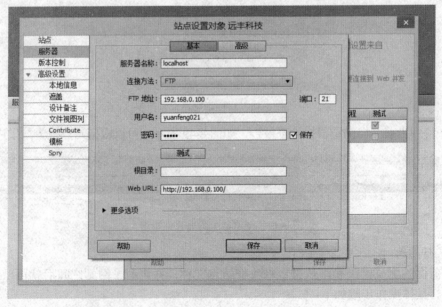

图 8-51　站立服务器设置

（2）在文件面板上单击"展开以显示本地和远端站点"按钮，会显示如图 8-52 所示的窗口。

图 8-52　远程站点窗口

（3）单击"上传文件"按钮 ，Dreamweaver 就开始连接远端站点并上传文件了，如图 8-53 所示。

图 8-53　正在上传文件

（4）上传完毕后，单击"从远端主机断开"按钮 ，即可断开与服务器的连接。

本章小结

本章介绍了本地服务器的配置及一个简单的静态站点的制作过程。有关本地服务器的配置直接采用了互联网的服务器集成开源配置源码，对服务器配置的学习可以扩大读者的视野，也可以为后期网站后台系统的学习奠定一些基础。有关静态站点的制作使用了本教程其他章节所讲解的基本知识，是对本教材所讲知识的一个巩固和应用。本课程主要讲解了静态网页设计与制作的基本知识，学习者若想完全构建一个功能强大且全面的网站，建议继续学习动态网站的制作与设计课程。推荐继续学习 PHP 动态网页制作技术、Photoshop 图片处理技术等相关课程。

习题 8

1．自己动手把个人电脑配置成一台本地服务器，想一想本地服务器和远程服务器有什么不同。

2．把做好的个人站点上传到本地服务器，来自全球的互联网用户都可以浏览你的网站了吗？为什么？

3．互联网上已经有很多开源的网站系统，请你做一个调查，比较这些网站系统的易用性，并作一个全面系统的评价。

4．使用开源系统建设一个属于自己的 B2C 在线商店。

第 9 章　网站制作实例——校园生活网站建设实例

本章从建设网站的第一步规划开始，全面介绍校园生活小型网站的设计流程以及应用 Dreamweaver CS5.5 实现建立网站与制作主页的全过程，向读者展现网站规划设计的完整步骤及应用上述软件进行网页制作的相关知识。

项目一　规划设计校园生活网站

1. 规划设计校园生活网站的布局结构

本网站主要采用表格进行布局，这是大多数网站的布局方式。

网站的主题栏目包括：校园资讯、时尚生活、快乐学习、校园风采、青春论坛、职场竞技。

网站主页规划的结构如图 9-1 所示。

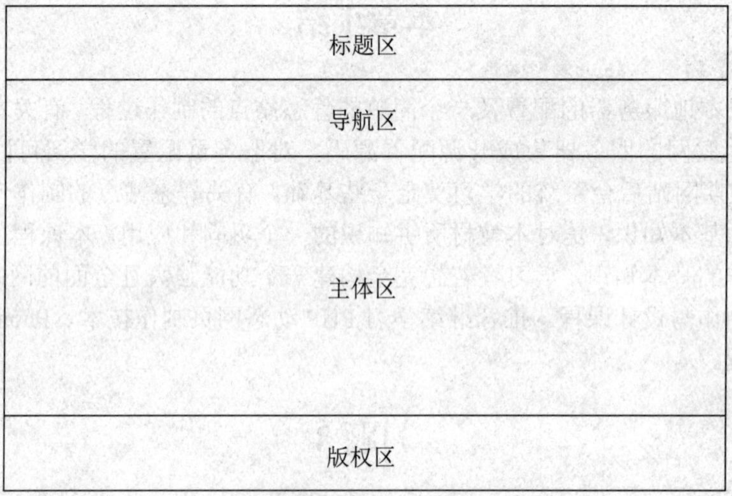

标题区
导航区
主体区
版权区

图 9-1　网站主页规划布局图

网页尺寸一般选择 1024×768 规格，实际尺寸为：1000×***。

2. 收集校园生活网站所需素材

收集的素材包括：

（1）图片：校园风景图、文本站标、文本背景图等。

（2）多媒体：代表校园文化的音乐、视频等。

（3）文章：反映校园生活的新闻、读者文摘、心灵鸡汤、个人创作等。

3. 确定校园生活网站的色彩风格

网站色彩风格选择清新淡雅色，如蓝色、绿色等。

项目二 创建校园生活网站站点

1. 设置本地站点文件夹

操作步骤如下：

（1）双击"我的电脑"图标。

（2）在"我的电脑"窗口中选择一个存储站点的硬盘驱动器（如 E 盘）。

（3）右击鼠标，执行"新建"→"文件夹"命令，在硬盘中建立一个新文件夹并为其设定站点名称（如 myschool）。如图 9-2 所示。

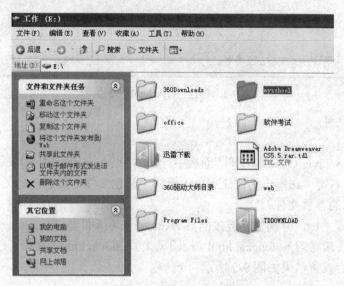

图 9-2 建立站点文件夹

2. 设置站点

操作步骤如下：

（1）启动 Dreamweaver CS5.5。

（2）执行"站点"→"新建站点"命令，弹出"站点设置对象"对话框。分别在"站点名称"文本框中输入"myschool"，在"本地站点文件夹"中输入 E:\myschool（或单击"浏览文件"按钮，选择 E:\myschool）作为本地根文件夹。

（3）单击"保存"按钮，完成"myschool"站点创建，如图 9-3 所示。

3. 设置站点了文件夹

根据搜集的素材将其归类为子文件夹，在本实例中需要建立两个子文件夹。

操作步骤如下：

（1）在 Dreamweaver CS5.5"文件"面板中选择"站点—myschool（E:\myschool）"文件夹，右击鼠标，在弹出的快捷菜单中选择"新建文件夹"命令，建立一个名为"photo"的文件夹，用于存放图像文件。

（2）参照步骤（1），建立子文件夹"allweb"，用于存放网站主页面及链接页面。最后设置结果如图 9-4 所示。

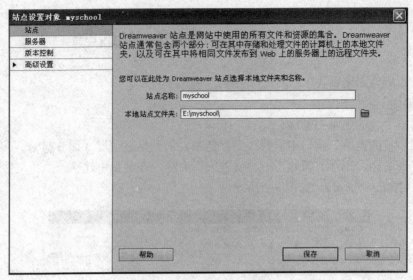

图 9-3   创建"myschool"站点

4. 设置网页文件

操作步骤如下：

（1）在 Dreamweaver CS5.5"文件"面板中选择"站点—myschool（E:\ myschool）—allweb"文件夹，单击鼠标右键，在弹出的快捷菜单中选择"新建文件"命令，建立名为"index.html"的文件（作为网站的首页文件）。

（2）参照步骤（1），分别建立链接网页 zixun.html（新闻资讯）、shenghuo.html（时尚生活）、xuexi.html（快乐学习）、fengcai.html（校园风采）、luntan.html（青春论坛）、zhichang.html（职场竞技）。最后设置结果如图 9-5 所示。

图 9-4   创建站点子文件夹

图 9-5   创建网页文件

项目三   应用表格进行网站布局

1. 设计主页表格结构

依据网站主页规划布局图，设计主页表格结构，如图 9-6 所示。

图 9-6　主页表格结构

2. 制作表格

操作步骤如下：

（1）在 Dreamweaver CS5.5 "文件" 面板中双击选择 "站点—myschool（E:\ myschool）—allweb—index.html" 文件，调出已设置好的空白 HTML 页面，如图 9-7 所示。

（2）执行 "插入—表格" 命令，在弹出的 "表格" 框中设置行数：5，列数：2，表格宽度：1000 像素，边框粗细：1 像素，如图 9-8 所示。

图 9-7　选中 index.html 文件

图 9-8　主页布局的表格初始设置

（3）选中整个表格，在属性面板中将对齐设置为居中对齐。如图 9-9 所示。

图 9-9　表格居中

（4）选中表格第 1 行，单击鼠标右键，在弹出的快捷菜单中执行 "表格—合并单元格" 命令，对该表格的第 2 行、第 5 行执行相同的操作。

（5）设置第 1 行第 1 列高：120px，如图 9-10 所示。

设置第 2 行第 1 列高：45px。

设置第 3 行第 1 列高：160px，宽：700px，垂直：居中，如图 9-11 所示。第 3 行第 2 列宽：298px。

设置第 4 行第 1 列高：160px，垂直：居中。

设置第 5 行第 1 列高：40px。

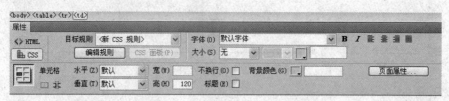

图 9-10　设置第 1 行第 1 列高的值

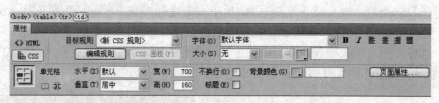

图 9-11　设置第 3 行第 1 列属性值

（6）对第 2 行进行表格嵌套，嵌入一个 1 行 2 列的表格，设置表格宽：1000 像素，边框粗细：2 像素。对嵌套表格的第 1 行第 1 列设置宽：138px，高：45px；对嵌套表格的第 2 行第 1 列设置宽：850px。

（7）保存并运行文件 index.html，效果如图 9-12 所示。

图 9-12　index.html 文件运行效果

项目四 应用 CSS 样式编辑文本

1. 利用 CSS 样式编辑导航区文本

操作步骤如下：

（1）在第 2 行内嵌表格的第 2 列中输入导航文字内容：首页 校园资讯 时尚生活 快乐学习 校园风采 青春论坛 职场竞技，每两个文字内容中间用两个空格符间隔，如图 9-13 所示。

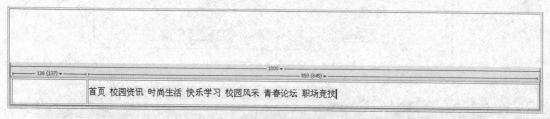

图 9-13 导航区文字初始编辑

（2）在 Dreamweaver CS5.5 执行"格式—CSS 样式—新建"命令，弹出"新建 CSS 规则"对话框，设置类选择器，命名为 daohang，如图 9-14 所示。

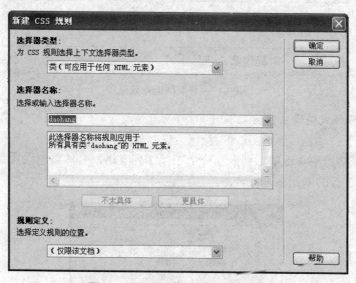

图 9-14 新建导航区文字 CSS 规则

（3）在".daohang 的 CSS 规则定义"对话框中设置"类型—Font-family"：宋体，"类型—Font-size"：25px，"类型—Color"：#FF0000，如图 9-15 所示。

（4）选中单元格中的"首页 校园资讯 时尚生活 快乐学习 校园风采 青春论坛 职场竞技"文字，在属性面板中的"目标规则"框中输入".daohang"或点击"目标规则"旁的下拉按钮选择 daohang 应用类，同时在属性面板中设置该单元格的水平：居中对齐。整体设置效果如图 9-16 所示。

（5）运行修改后的 index.html 文件，导航区效果如图 9-17 所示。

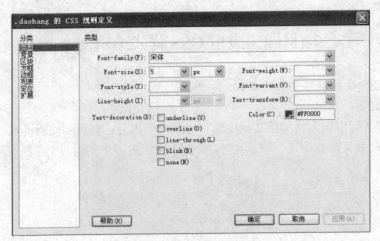

图 9-15 . daohang CSS 规则定义

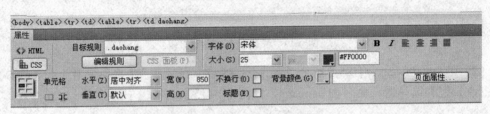

图 9-16 .daohang 类引用与居中对齐设置

首页 校园资讯 时尚生活 快乐学习 校园风采 青春论坛 职场竞技

图 9-17 导航区运行效果图

2. 利用 CSS 样式编辑主体区文本

操作步骤如下：

（1）在主表格的第 3 行第 1 列嵌套一个 3 行 2 列表格，具体数值设置参照图 9-18 所示。并对第 1 行、第 3 行的单元格进行合并。

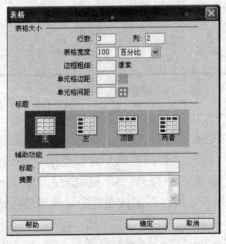

图 9-18 嵌套表格数值设置

（2）设置内嵌表格第 1 行第 1 列高：40px。

设置内嵌表格第 2 行第 1 列高：60px，宽：70%；设置第 2 行第 2 列宽：30%。

设置内嵌表格第 3 行第 1 列高：60px。设置完成后该内嵌表格实现代码如下：

```
<td width="700" height="160" valign="middle">
    <table width="100%">
        <tr>        '内嵌表格第 1 行开始
            <td height="40" colspan="2"> </td>
        </tr>
        <tr>        '内嵌表格第 2 行开始
            <td width="70%" height="60"> </td>
            <td width="30%"> </td>
        </tr>
        <tr>        '内嵌表格第 3 行开始
            <td height="60" colspan="2"> </td>
        </tr>
    </table>
</td>
```

（3）在内嵌表格的第 1 行第 1 列输入：欢迎光临我的校园生活网，并在属性面板中设置水平：居中对齐。

（4）在 Dreamweaver CS5.5 执行"格式—CSS 样式—新建"命令，弹出"新建 CSS 规则"对话框，设置类选择器，命名为 welcome，如图 9-19 所示。

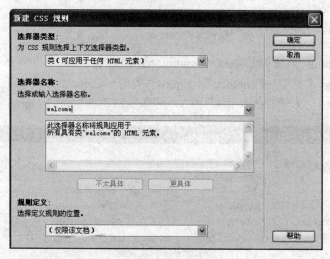

图 9-19　新建 welcome 类 CSS 规则

（5）在".welcome 的 CSS 规则定义"对话框中设置"类型—Font-family"：黑体，"类型—Font-size"：18px，"类型—Color"：#0000FF，如图 9-20 所示。选中"欢迎光临我的校园生活网"，在"目标规则"框中选择 welcome 应用类。运行 index.html 文件显示效果如图 9-21 所示。

（6）在内嵌表格的第 2 行第 1 列内执行"格式—列表—项目列表"命令，在项目编号后分别输入网站栏目"校园资讯""时尚生活"以及对应的介绍文本。选中"校园资讯""时尚生活"执行"格式—样式—粗体"命令，使其加粗。

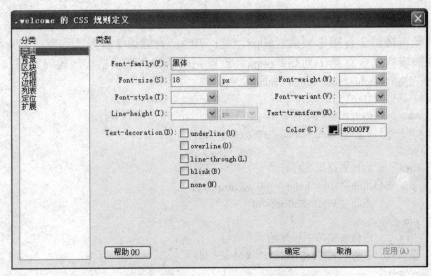

图 9-20　.welcome CSS 规则定义

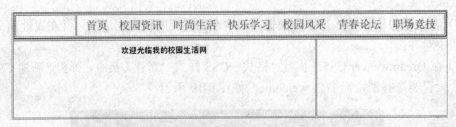

图 9-21　引用.welcome 类后文字显示效果图

（7）新建 lanmu 类选择器，在 ".lanmu 的 CSS 规则定义" 对话框中设置 "类型—Font-family"：宋体，"类型—Font-size"：13px，"类型—Color"：#0000FF，如图 9-22 所示。选中栏目内容与介绍文本后在属性面板中的 "目标规则" 框中选择 lanmu 应用类。

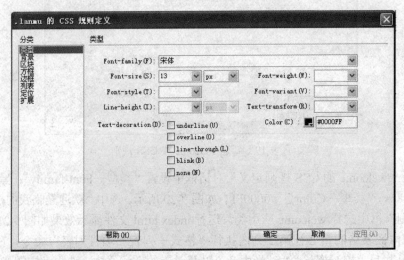

图 9-22　.lanmu CSS 规则定义

（8）参照步骤（6）和（7），在内嵌表格的第 3 行第 1 列内执行 "格式—列表—项目列表"命令,在项目编号后分别输入网站栏目"快乐学习""校园风采""青春论坛""职场竞技"以及对应的介绍文本。选中"快乐学习""校园风采""青春论坛""职场竞技"执行"格式—样式—粗体"命令,使其加粗。选中栏目内容与介绍文本后在属性面板中的"目标规则"框中选择 lanmu 应用类。

(9)调整内嵌表格第 2 行第 1 列的宽:75%,高:55px,添加属性垂直:顶端。
调整内嵌表格第 3 行第 1 列的高:120px,添加属性垂直:顶端。

(10)保存并运行 index.html 文件,主体区局部运行效果如图 9-23 所示。

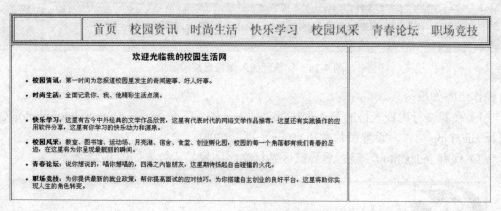

图 9-23 主体区运行效果图

3. 利用 CSS 样式编辑版权区文本

操作步骤如下:

(1)在主表格的第 5 行单元格内输入版权信息文本"Copyright@2014~2016 版权所有:河南经贸职业学院经贸系电子商务工作室 地址:河南省 郑州市郑东新区龙子湖高校园区河南经贸职业学院 邮编:450000",并引用 lanmu 应用类,同时设置该单元格水平居中。

(2)保存并运行 index.html 文件,版权区局部运行效果如图 9-24 所示。

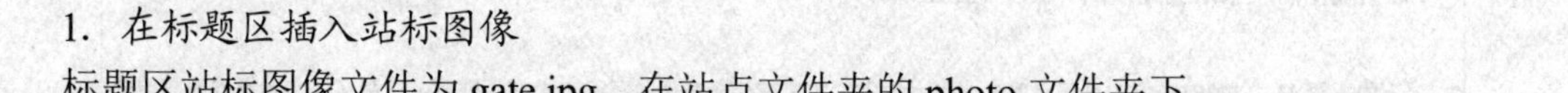

Copyright@2014~2016版权所有:河南经贸职业学院经贸系电子商务工作室
地址:河南省 郑州市郑东新区龙子湖高校园区河南经贸职业学院 邮编:450000

图 9-24 版权区运行效果图

项目五 插入图像

1. 在标题区插入站标图像
标题区站标图像文件为 gate.jpg,在站点文件夹的 photo 文件夹下。
操作步骤如下:

(1)在主表格的第 1 行单元格内执行"插入—图像"命令,在 E:\myschool\photo 文件夹内选择 gate.jpg 文件,设置图片宽:1025px,高:150px,如图 9-25 所示。

(2)保存 index.html,运行后标题区效果如图 9-26 所示。

2. 在导航区插入站标文字图像
导航区站标文字图像文件为 xuexi.jpg,在站点文件夹的 photo 文件夹下。

属性
图像，94K
宽(W) 1025
源文件(S) photo/gate.jpg
替换(T)
类(C) 无
ID
高(H) 150
链接(L)
编辑
地图(M)
垂直边距(V)
目标(R)
边框(B)
水平边距(P)
原始
对齐(A) 默认值

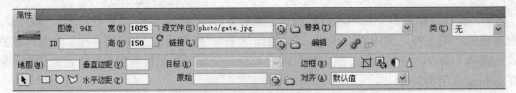

图 9-25　站标图像设置

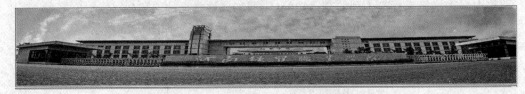

图 9-26　标题区插入图像后显示效果

操作步骤如下：

（1）在第 2 行内嵌表格的第 1 列执行“插入—图像”命令，在 E:\myschool\photo 文件夹内选择 xuexi.jpg 文件，设置图片宽：150px，高：139px。

（2）保存 index.html，运行后导航区站标文字图像显示效果如图 9-27 所示。

首页　校园资讯　时尚生活　快乐学习　校园风采　青春论坛　职场竞技

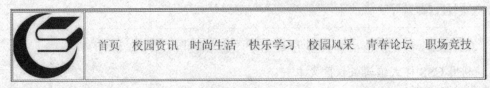

图 9-27　导航区插入站标文字图像后显示效果

3. 在主体文本区插入文字图像

主体区文字图像文件为 mengxiang.jpg，在站点文件夹的 photo 文件夹下。

操作步骤如下：

（1）在主体文本区内嵌表格的第 2 行第 2 列执行“插入—图像”命令，在 E:\myschool\photo 文件夹内选择 mengxiang.jpg 文件，设置图片宽：180px，高：55px。

（2）保存 index.html，运行后主体区文字图像显示效果如图 9-28 所示。

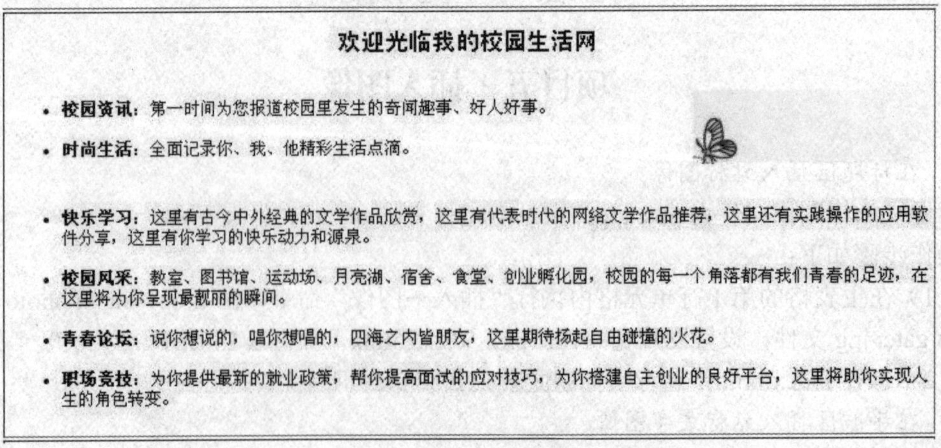

欢迎光临我的校园生活网
校园资讯：第一时间为您报道校园里发生的奇闻趣事、好人好事。
时尚生活：全面记录你、我、他精彩生活点滴。
快乐学习：这里有古今中外经典的文学作品欣赏，这里有代表时代的网络文学作品推荐，这里还有实践操作的应用软件分享，这里有你学习的快乐动力和源泉。
校园风采：教室、图书馆、运动场、月亮湖、宿舍、食堂、创业孵化园，校园的每一个角落都有我们青春的足迹，在这里将为你呈现最靓丽的瞬间。
青春论坛：说你想说的，唱你想唱的，四海之内皆朋友，这里期待扬起自由碰撞的火花。
职场竞技：为你提供最新的就业政策，帮你提高面试的应对技巧，为你搭建自主创业的良好平台，这里将助你实现人生的角色转变。

图 9-28　主体区插入文字图像后显示效果

4．在主体图像区插入校园风采图像

主体图像区图像文件为 tushuguan.jpg、heying.jpg、fuhuayuan.jpg、teachingbuilding.jpg，在站点文件夹的 photo 文件夹下。

操作步骤如下：

（1）在主表格第 4 行第 1 列单元格内嵌入 2 行 4 列表格，如图 9-29 所示，并对第 1 行的 4 个单元格进行合并。

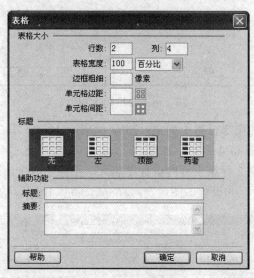

图 9-29　内嵌表格设置图

（2）设置该内嵌表格第 1 行第 1 列高：30px。

设置该内嵌表格第 2 行第 1 列高：100px。

该内嵌表格 HTML 代码如下：

```
<td height="132" valign="middle">
    <table width="100%">
      <tr>
        <td height="30" colspan="4"> </td>
      </tr>
      <tr>
        <td height="100"> </td>
        <td> </td>
        <td> </td>
        <td> </td>
      </tr>
    </table>
</td>
```

（3）在内嵌表格的第 1 行第 1 列中输入文本："校园精彩图片展示"，并设置单元格水平：居中对齐。

（4）新建 tpzhanshi 类选择器，规则定义如图 9-30 所示。选中文本"校园精彩图片展示"并引用 tpzhanshi 类样式。

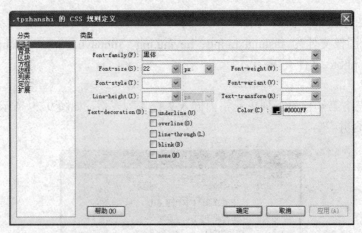

图 9-30　.tpzhanshi CSS 规则定义

（5）设置内嵌表格的第 2 行第 1 列宽：25%，高：110px；第 2 行第 2 列宽：25%；第 2 行第 3 列宽：25%；第 2 行第 4 列宽：25%。

（6）在内嵌表格的第 2 行第 1 列内执行"插入—图像"命令，选择 E:\myschool\photo 文件下的 tushuguan.jpg 图片，并设置该图像宽：168px，高：100px，如图 9-31 所示。

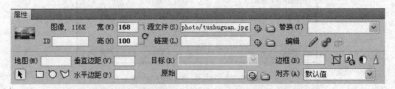

图 9-31　精彩图片展示区图像属性设置

（7）参照步骤（6），依次在内嵌表格的第 2 行第 2 列、第 3 列、第 4 列分别插入图像 heying.jpg、fuhuayuan.jpg、teachingbuilding.jpg（3 张图片存储在 E:\myschool\photo 文件下）。

（8）保存运行 index.html 文件，在主体图像区插入校园精彩图片后的运行效果如图 9-32 所示。

图 9-32　主体图像区插入校园精彩图片后的运行效果

5. 设置单元格背景图像

分别设置导航区、主体区标题等背景图案，背景图案存储在 E:\myschool\photo 文件夹下，分别为 bj1.jpg、bj2.jpg。

操作步骤如下：

（1）在".daohang 类选择器"中添加如图 9-33 所示属性。

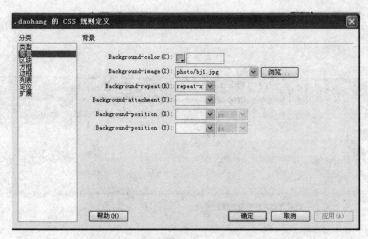

图 9-33 添加.daohang 类选择器背景属性

（2）参照步骤（1），分别在".welcome 类选择器"与".tpzhanshi 类选择器"中添加如图 9-34、图 9-35 所示属性。

图 9-34 添加.welcome 类选择器背景属性

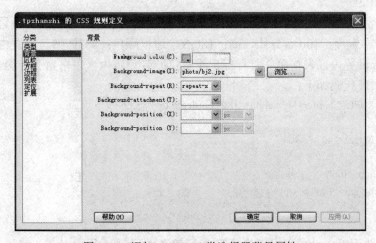

图 9-35 添加.tpzhanshi 类选择器背景属性

（3）保存运行 index.html 文件，背景图像设置后的运行效果如图 9-36 所示。

图 9-36　背景图像设置后的运行效果

项目六　制作表单

设计制作一个名为"userinfo"的表单放在主表格的第 3 行第 2 列内，用于获取注册用户的用户名、密码、性别、教育水平、专业和 E-mail 等信息。

操作步骤如下：

（1）在主表格的第 3 行第 2 列内嵌入一个 2 行 1 列的表格，表格属性设置如下：边框粗细：1 像素，表格宽度：100 百分比，高：180px，边框颜色：#339999。设置内嵌表格第 1 行第 1 列高：40px；设置内嵌表格第 2 行行标记垂直：顶端；设置内嵌表格第 2 行第 1 列高：140px。

内嵌表格实现代码如下：

```
<table width="100%" border="1" height="180" bordercolor="#339999">
    <tr>
        <td height="40"> </td>
    </tr>
    <tr valign="top">
        <td height="140" > </td>
    </tr>
</table>
```

（2）在属性面板中设置内嵌表格的第 1 行第 1 列水平：居中对齐，背景颜色：#339999

并输入文本"用户注册"。新建.zhuce 类选择器，将其属性设置为如图 9-37 所示并使其应用在"用户注册"文本上。

图 9-37　.zhuce 类选择器规则定义

（3）在内嵌表格第 2 行第 1 列内执行"插入—表单—表单"命令，在表单红色虚线区域内插入一个 7 行 2 列的表格，表格宽度：292px，对齐：居中对齐。

（4）设置表单内嵌表格第 1 行第 1 列宽：100px，高：26px，并输入文本"用户名："；设置表单内嵌表格第 1 行第 2 列宽：192px，高：26px，并执行"插入—表单—文本域"，设置该文本域字符宽度：20。

（5）设置表单内嵌表格第 2 行第 1 列宽：100px，高：26px，并输入文本"密码："；设置表单内嵌表格第 1 行第 2 列宽：192px，高：26px，并执行"插入—表单—文本域"，设置类型：密码，该表单元素字符宽度：20，最多字符数：20。

（6）设置表单内嵌表格第 3 行第 1 列宽：100px，高：26px，并输入文本"性别："；设置表单内嵌表格第 3 行第 2 列宽：192px，高：26px，并执行"插入—表单—单选按钮"，在表单元素后输入文本"男"，再次执行该操作，输入文本"女"。

（7）设置表单内嵌表格第 4 行第 1 列宽：100px，高：26px，并输入文本"教育水平："；设置表单内嵌表格第 4 行第 2 列宽：192px，高：26px，并执行"插入—表单—选择（列表/菜单）"，在"列表值"设置"专科""本科""硕士及以上"内容。

（8）参照步骤（7）设置表单内嵌表格第 5 行第 1 列宽：100px，高：26px，并输入文本"专业："；设置表单内嵌表格第 5 行第 2 列宽：192px，高：26px，并执行"插入—表单—选择（列表/菜单）"，在"列表值"设置"工科类专业""文科类专业""其他"内容。

（9）设置表单内嵌表格第 6 行第 1 列高：26px，并输入文本"E-mail："；设置表单内嵌表格第 6 行第 2 列高：26px，并执行"插入—表单—文本域"，设置该文本域字符宽度：20。

（10）合并表单内嵌表格第 7 行，设置行水平：居中对齐，列高度：30px。在合并后的单元格内执行"插入—表单—按钮"，设置"提交"与"重置"按钮。

（11）保存运行 index.html 文件，表单效果如图 9-38 所示。

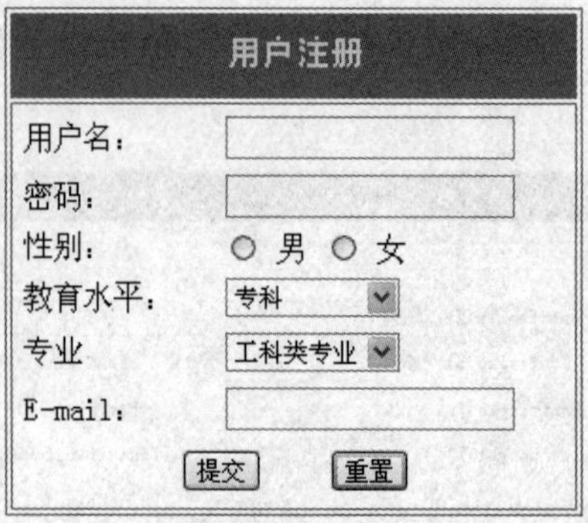

图 9-38　表单效果图

项目七　制作子网页并添加导航链接

1. 制作子网页

根据所学知识，制作完成 myschool 站点下的 zixun.html（新闻资讯）、shenghuo.html（时尚生活）、xuexi.html（快乐学习）、fengcai.html（校园风采）、luntan.html（青春论坛）、zhichang.html（职场竞技）子网页，具体制作过程这里不再赘述。

2. 建立导航文本与各子网页的链接

操作步骤如下：

（1）选中导航区的"校园资讯"文本，执行"插入—超级链接"命令，链接到 zixun.html 文件。

（2）参照步骤（1），设置"时尚生活"链接到 shenghuo.html，设置"快乐学习"链接到 xuexi.html，设置"校园风采"链接到 fengcai.html，设置"青春论坛"链接到 luntan.html，设置"luntan.html"链接到 zhichang.html。

设置好超链接后，运行主页，设有超链接的文本将变蓝并加上下划线。

3. 建立友情链接

操作步骤如下：

（1）在主表格的第 4 行第 2 列内嵌入一个 2 行 1 列的表格，属性值如图 9-39 所示，并设置表格对齐：居中对齐，背景颜色：#339999，边框颜色：#339999。

（2）设置内嵌表格第 1 行第 1 列高：30px，水平：居中对齐。

（3）设置内嵌表格第 2 行行距：18pt，背景颜色：#EEFFFF，设置列高：150px。

内嵌表格实现代码如下：

```
<table width="100%" border="1" align="center" cellpadding="0" cellspacing="0" bgcolor="#339999" bordercolor="#339999">
    <tr>
      <td height="30" align="center"> </td>
    </tr>
    <tr style=" line-height:18pt" bgcolor="#EEFFFF">
      <td height="150"> </td>
    </tr>
</table>
```

图 9-39　嵌入表格属性值

（4）在内嵌表格第 1 行第 1 列内输入"友情链接"并引用".zhuce 类"。

（5）在内嵌表格第 2 行嵌入一个 6 行 1 列的表格，设置表格宽：192px，边框粗细：0px，对齐：居中对齐。分别在每一行依次输入文本："百度""腾讯""人人网""网易邮箱""天涯社区""网址大全"。

（6）在属性面板"链接"框中分别为"百度""腾讯""人人网""网易邮箱""天涯社区""网址大全"设置超级链接：http://www.baidu.com、http://www.qq.com、http://page.renren.com、http://mail.163.com、http://www.tianya.cn、http://www.hao123.com。

至此，校园生活网站创建完成，网站主页整体运行效果如图 9-40 所示。

图 9-40　网站运行效果

网站完整代码如下：

```
<!DOCTYPE html PUBLIC "-//W3C//DTD XHTML 1.0 Transitional//EN" "http://www.w3.org/TR/xhtml1/
DTD/xhtml1-transitional.dtd">
<html xmlns="http://www.w3.org/1999/xhtml">
<head>
<meta http-equiv="Content-Type" content="text/html; charset=utf-8" />
<title>校园生活</title>
<style type="text/css">
.daohang {
    font-family: "宋体";
    font-size: 25px;
    color: #FF0000;
    background-image: url(photo/bj1.jpg);
    background-repeat: repeat-x;
}
.welcome {
    font-family: "黑体";
    font-size: 18px;
    color: #0000FF;
    background-image: url(photo/bj2.jpg);
    background-repeat: repeat-x;
}
.tpzhanshi {
    font-family: "黑体";
    font-size: 22px;
    color: #0000FF;
    background-image: url(photo/bj2.jpg);
    background-repeat: repeat-x;
}

.lanmu {
    font-family: "宋体";
    font-size: 13px;
    color: #0000FF;
}
.zhuce {
    font-family: "黑体";
    font-size: 18px;
    color: #FFFF00;
}
</style>
</head>

<body>
<table width="1000" border="1" align="center">
  <tr>
```

```
            <td height="120" colspan="2"><img src="photo/gate.jpg" width="1025" height="150" /></td>
        </tr>
        <tr>
            <td height="45" colspan="2">
            <table width="1023" border="2">
                <tr>
                    <td width="150" height="139"><img src="photo/xuexi.jpg" width="150" height="139" /></td>
                    <td width="855" align="center" class="daohang" ><a href="allweb/index1.html"> 首 页
</a>  <a href="allweb/zixun.html">校园资讯</a>  <a href="allweb/shenghuo.html">时尚
生活</a>  <a href="allweb/xuexi.html">快乐学习</a>  <a href="allweb/fengcai.html">
校 园 风 采 </a>  <a href="allweb/luntan.html"> 青 春 论 坛 </a>  <a href="allweb/
zhichang.html">职场竞技</a></td>
                </tr>
            </table>
            </td>
        </tr>
        <tr>
            <td height="160" width="700" valign="middle">
            <table width="100%">
                <tr>
                    <td height="40" colspan="2" align="center" class="welcome">欢迎光临我的校园生活网</td>
                </tr>
                <tr>
                    <td width="75%" height="55" valign="top">
                    <ul>
                        <li class="lanmu" ><strong>校园资讯</strong>：第一时间为您报道校园里发生的奇闻趣事、
好人好事。<br />
                                <br />
                        </li>
                        <li class="lanmu" ><strong>时尚生活</strong>：全面记录你、我、他精彩生活点滴。</li>
                    </ul></td>
                    <td width="30%"><img src="photo/mengxiang.jpg" width="180" height="55" /></td>
                </tr>
                <tr>
                    <td height="120" colspan="2" valign="top"><ul>
                        <li class="lanmu"><strong>快乐学习</strong>：这里有古今中外经典的文学作品欣赏，这里有
代表时代的网络文学作品推荐，这里还有实践操作的应用软件分享，这里有你学习的快乐动力和源泉。<br />
                                <br />
                        </li>
                        <li class="lanmu"><strong>校园风采</strong>：教室、图书馆、运动场、月亮湖、宿舍、食堂、
创业孵化园，校园的每一个角落都有我们青春的足迹，在这里将为你呈现最靓丽的瞬间。<br />
                                <br />
                        </li>
                        <li class="lanmu"><strong>青春论坛</strong>：说你想说的，唱你想唱的，四海之内皆朋友，
这里期待扬起自由碰撞的火花。<br />
                                <br />
```

```
    </li>
        <li class="lanmu"><strong>职场竞技</strong>：为你提供最新的就业政策，帮你提高面试的应
对技巧，为你搭建自主创业的良好平台，这里将助你实现人生的角色转变。</li>
    </ul></td>
    </tr>
</table>
</td>
<td width="298">
<table width="100%" border="1" height="180" bordercolor="#339999">
    <tr>
        <td height="40" align="center" bgcolor="#339999" class="zhuce">用户注册</td>
    </tr>
    <tr valign="top">
        <td height="140" ><form id="form1" name="form1" method="post" action="">
        <table width="292" align="center">
            <tr>
                <td width="100" height="26">用户名：</td>
                <td><input name="yonghuming" type="text" id="yonghuming" size="20" /></td>
            </tr>
            <tr>
                <td>密码：</td>
                <td><input name="mima" type="password" id="mima" size="20" maxlength="20" /></td>
            </tr>
            <tr>
                <td>性别：</td>
                <td><input type="radio" name="sex" id="nan" value="nan" />
                    男
                    <input type="radio" name="sex" id="nv" value="nv" />
                    女</td>
            </tr>
            <tr>
                <td>教育水平：</td>
                <td><select name="edu" id="edu">
                <option value="专科">专科</option>
                <option value="本科">本科</option>
                <option value="硕士及以上">硕士及以上</option>
                </select></td>
            </tr>
            <tr>
                <td>专业</td>
                <td><select name="zhuanye" id="zhuanye">
                <option value="工科类专业">工科类专业</option>
                <option value="文科类专业">文科类专业</option>
                <option value="其他">其他</option>
                </select></td>
            </tr>
```

```
          <tr>
            <td>E-mail：</td>
            <td><input name="xinxiang" type="text" id="xinxiang" size="20" /></td>
          </tr>
          <tr align="center">
            <td height="30" colspan="2" ><input type="submit" name="chongzhi" id="chongzhi" value=
"提交" />
                   
<input type="reset" name="chongzhi2" id="chongzhi2" value="重置" /></td>
          </tr>
        </table>


      </form>
      </td>
    </tr>
  </table></td>
</tr>
<tr>
  <td height="132" valign="middle">
  <table width="100%">
    <tr>
      <td height="30" colspan="4" align="center" class="tpzhanshi">校园精彩图片展示</td>
    </tr>
    <tr>
      <td width="25%" height="110"><img src="photo/tushuguan.jpg" width="168" height="100" /></td>
      <td width="25%"><img src="photo/heying.jpg" width="168" height="100" /></td>
      <td width="25%"><img src="photo/fuhuayuan.jpg" width="168" height="100" /></td>
      <td width="25%"><img src="photo/teachingbuilding.jpg" width="168" height="100" /></td>
    </tr>
  </table></td>
  <td><table width="100%" border="1" align="center" cellpadding="0" cellspacing="0" bgcolor=
"#339999" bordercolor="#339999">
    <tr>
      <td height="30" align="center" class="zhuce">友情链接</td>
    </tr>
    <tr style=" line-height:18pt" bgcolor="#EEFFFF">
      <td height="150">
        <table width="192" border="0" align="center">
        <tr>
          <td align="center"><a href="http://www.baidu.com">百度</a></td>
        </tr>
        <tr>
          <td align="center"><a href="http://www.qq.com/">腾讯</a></td>
        </tr>
        <tr>
          <td align="center"><a href="http://www.qq.com/">人人网</a></td>
```

```
        </tr>
        <tr>
          <td align="center"><a href="http://mail.163.com">网易邮箱</a></td>
        </tr>
        <tr>
          <td align="center"><a href="http://www.tianya.cn">天涯社区</a></td>
        </tr>
        <tr>
          <td align="center"><a href="http://www.hao123.com">网址大全</a></td>
        </tr>
      </table></td>
    </tr>
  </table></td>
  </tr>
  <tr>
    <td height="40" colspan="2" align="center" class="lanmu">Copyright@2014~2016 版权所有：河南经贸
职业学院经贸系电子商务工作室 <br />
    地址：河南省 郑州市郑东新区龙子湖高校园区河南经贸职业学院  邮编：450000</td>
  </tr>
</table>
</body>
</html>
```

参考文献

[1] 张拥华. 电子商务网页设计与制作[M]. 北京：教育科学出版社，2013.

[2] 李英俊. 网页设计与制作（第四版）[M]. 大连：大连理工大学出版社，2014.

[3] 商玮. 电子商务网页设计与制作（第二版）[M]. 北京：中国人民大学出版社，2014.

[4] 杨美霞，郭海礁，唐倩. 动态网页设计与制作实践教程[M]. 北京：北京师范大学出版集团，2013.

[5] 童红斌. 电子商务网站推广[M]. 北京：电子工业出版社，2012.

[6] 孙丹. 网站推广[M]. 北京：清华大学出版社，2012.

[7] 王楗南. SEO 网站营销推广全程实例[M]. 北京：清华大学出版社，2013.

[8] 昝辉. SEO 实战密码[M]. 北京：电子工业出版社，2012.

[9] 江礼坤. 网络营销推广实战宝典[M]. 北京：电子工业出版社，2012.

[10] 任正云. 网页设计与制作[M]. 北京：中国水利水电出版社，2007.

[11] 相万让. 网页设计与制作（第 3 版）[M]. 北京：人民邮电出版社，2012.

[12] 胡崧. 网站建设实例大制作[M]. 北京：中国青年出版社，2007.

[13] 李睦芳，肖新容. Dreamweaver CS5 +ASP 动态网站开发与典型实例[M]. 北京：清华大学出版社，2012.

[14] 于荷云. PHP+MySQL 网站开发全程实例[M]. 北京：清华大学出版社，2012.

[15] 张兵义，张连堂. PHP+MySQL+Dreamweaver 动态网站开发实例教程[M]. 北京：机械工业出版社，2012.

[16] 王德永，张少龙. PHP+CMS+Dreamweaver 网站设计实例教程[M]. 北京：人民邮电出版社，2013.